高等数学课课练

上海大学数学系 编

上海大学出版社
·上海·

图书在版编目(CIP)数据

高等数学课课练 / 上海大学数学系编. --上海：
上海大学出版社，2024.7. -- ISBN 978-7-5671-5022-5
Ⅰ.O13-44
中国国家版本馆 CIP 数据核字第 202410NH61 号

责任编辑　颜颖颖　丁嘉羽
封面设计　缪炎栩
技术编辑　金　鑫　钱宇坤

高等数学课课练
上海大学数学系　编
上海大学出版社出版发行
（上海市上大路 99 号　邮政编码 200444）
（https://www.shupress.cn 发行热线 021 - 66135112）
出版人　戴骏豪
*
南京展望文化发展有限公司排版
江苏句容排印厂印刷　各地新华书店经销
开本 787mm×1092mm　1/16　印张 15.25　字数 372 000
2024 年 7 月第 1 版　2024 年 7 月第 1 次印刷

ISBN 978 - 7 - 5671 - 5022 - 5/O・75　定价：44.00 元

版权所有　侵权必究
如发现本书有印装质量问题请与印刷厂质量科联系
联系电话：0511 - 87871135

前　言

　　高等数学,其主要内容为微积分,是理工类和经济管理类专业本科学生的数学基础课程之一,对学生的数学能力和数学素养的培养起着关键作用.微积分是现代科学研究的基础工具之一,被广泛应用于物理学、化学、生物学、经济学、工程学和技术等领域.微积分课程主要包括：一元函数微分学和积分学、空间解析几何、多元函数微分学和积分学、微分方程、级数等.微积分课程的显著特点是数学概念、理论和方法多,各个知识点之间联系紧密等.学生在学习过程中普遍存在的问题是：概念和理论理解不透、方法掌握不好.因此我们编写了这本《高等数学课课练》,主要目的是通过每章每节知识点的总结,加深学生对理论知识的理解；通过一定题目的练习,使学生消化和巩固课堂所学习的知识,从而掌握微积分的基本思想、理论和方法,并能利用其解决实际问题.

　　本书是《高等数学(上、下)》(上海大学数学系编,高等教育出版社 2011 年版)的配套辅导书.全书共 11 章,章节安排与《高等数学(上、下)》一一对应并附"解答与提示",更适合教学参考使用.本书由 11 位上海大学多年从事微积分教学的老师共同精心编写.

　　本书在编写过程中得到了上海大学教务部以及理学院各级领导的关怀与支持,在此表示衷心感谢.书中的不妥与错误,敬请广大师生不吝指出,以期在之后的版本中更正.上海大学出版社为本书的出版提供了高效优质的服务,在此也表示感谢.

上海大学数学系
2024 年 5 月

目 录

第 1 章 函数与极限 ·········· 1
§1.1 函数的概念 ·········· 1
§1.2 数列的极限 ·········· 2
§1.3 函数的极限 ·········· 3
§1.4 无穷大和无穷小 ·········· 4
§1.5 连续函数 ·········· 5
本章习题 ·········· 7

第 2 章 导数与微分 ·········· 17
§2.1 导数的概念 ·········· 17
§2.2 函数的求导法则 ·········· 18
§2.3 高阶导数 ·········· 19
§2.4 隐函数的导数、由参数方程所确定的函数的导数、相关变化率 ·········· 19
§2.5 函数的微分 ·········· 20
本章习题 ·········· 22

第 3 章 微分中值定理及导数的应用 ·········· 32
§3.1 微分中值定理 ·········· 32
§3.2 未定式的定值法——洛必达法则 ·········· 33
§3.3 泰勒公式 ·········· 33
§3.4 函数的单调性及曲线的凹凸性 ·········· 34
§3.5 函数的极值和最值 ·········· 35
§3.6 函数图形的描绘 ·········· 36
本章习题 ·········· 38

第 4 章 不定积分 ·········· 50
§4.1 不定积分的概念与性质 ·········· 50
§4.2 换元积分法 ·········· 51
§4.3 分部积分法 ·········· 51
§4.4 有理函数的积分 ·········· 51
本章习题 ·········· 53

第 5 章 定积分及其应用 ································· 61
§5.1 定积分的概念与性质 ································· 61
§5.2 微积分学基本定理 ································· 62
§5.3 定积分的计算 ································· 63
§5.4 广义积分 ································· 64
§5.5—5.6 微元法与定积分的几何应用 ································· 64
本章习题 ································· 66

第 6 章 向量代数与空间解析几何 ································· 75
§6.1 向量及其运算 ································· 75
§6.2 向量的数量积、向量积、混合积 ································· 76
§6.3 平面及其方程 ································· 77
§6.4 空间直线及其方程 ································· 77
§6.5 曲面方程 ································· 78
§6.6 空间曲线及其方程 ································· 79
本章习题 ································· 80

第 7 章 多元函数微分学及其应用 ································· 92
§7.1 多元函数的基本概念 ································· 92
§7.2 偏导数 ································· 93
§7.3 全微分 ································· 94
§7.4 多元复合函数的求导法则 ································· 94
§7.5 隐函数存在定理与隐函数微分法 ································· 95
§7.6 方向导数、梯度 ································· 95
§7.7 多元微分学的几何应用 ································· 96
§7.8 二元函数的泰勒公式 ································· 97
§7.9 多元函数的极值与最值问题 ································· 97
§7.10 最小二乘法 ································· 98
本章习题 ································· 99

第 8 章 重积分 ································· 115
§8.1 二重积分的定义 ································· 115
§8.2 二重积分的计算 ································· 116
§8.3 三重积分 ································· 117
§8.4 重积分应用 ································· 117
本章习题 ································· 119

第 9 章 曲线积分与曲面积分 ································· 126
§9.1 对弧长的曲线积分 ································· 126

§9.2	对坐标的曲线积分	127
§9.3	格林公式及其应用	129
§9.4	对面积的曲面积分	129
§9.5	对坐标的曲面积分	130
§9.6	高斯公式、通量与散度	131
§9.7	斯托克斯公式、环流量与旋度	132
本章习题		134

第10章 无穷级数 ········ 148

§10.1—10.2	常数项级数与级数的收敛性质	148
§10.3	正项级数	149
§10.4	交错级数	150
§10.5	任意级数	151
§10.6	函数项级数	151
§10.7	幂级数	152
§10.8	幂级数的运算	153
§10.9—10.10	泰勒级数与幂级数的应用	154
§10.11	傅里叶级数	154
§10.12	一般周期函数的傅里叶级数	155
本章习题		156

第11章 微分方程 ········ 176

§11.1	微分方程的基本概念	176
§11.2	可分离变量的微分方程	177
§11.3	齐次方程	177
§11.4	一阶线性微分方程	178
§11.5	全微分方程	178
§11.6	可降阶的高阶微分方程	179
§11.7	高阶线性微分方程解的结构	180
§11.8	常系数齐次线性微分方程	181
§11.9	常系数非齐次线性微分方程	181
§11.10	欧拉方程	182
§11.11	差分方程	182
本章习题		185

第1章 函数与极限

1. 基本要求

(1) 理解函数、数列极限概念;

(2) 掌握极限四则运算法则,会用变量代换求简单复合函数的极限;

(3) 理解极限的性质(唯一性、有界性和保号性)、两个极限存在准则(夹逼准则和单调有界数列收敛准则);

(4) 掌握两个重要极限;

(5) 理解无穷小、等价无穷小、无穷小的阶、无穷大等概念;

(6) 理解函数连续性的概念,会判别函数间断点的类型;

(7) 了解初等函数的连续性.

2. 重点内容

(1) 极限计算;(2) 无穷小的比较、等价无穷小;(3) 两个重要极限;(4) 连续性判别、间断点判别;(5) 闭区间上连续函数的性质.

3. 难点内容

(1) 极限定义;(2) 极限性质;(3) 无穷小的比较.

§1.1 函数的概念

1. 复合函数

设数集 A 为函数 $y=\varphi(x)$ 的定义域,数集 B 为函数 $z=f(y)$ 的定义域. 若 $y=\varphi(x)$ 的值域包含在 B 中,则可定义一个函数,表示为 $(f\circ\varphi)(x)=f(\varphi(x)),x\in A$,称为 $y=\varphi(x)$ 与 $z=f(y)$ 的复合函数,y 是中间变量. 复合运算一般不可交换.

2. 反函数

函数 $y=f(x)$ 与其反函数 $y=f^{-1}(x)$ 具有相同的单调性,两者图像关于直线 $y=x$ 对称.

反正弦函数 $y=\arcsin x, x\in[-1,1], y\in\left[-\dfrac{\pi}{2},\dfrac{\pi}{2}\right]$.

反余弦函数 $y=\arccos x, x\in[-1,1], y\in[0,\pi]$;$\arcsin x+\arccos x=\dfrac{\pi}{2}$.

反正切函数 $y=\arctan x$, $x\in(-\infty,+\infty)$, $y\in\left(-\dfrac{\pi}{2},\dfrac{\pi}{2}\right)$.

反余切函数 $y=\mathrm{arccot}\, x$, $x\in(-\infty,+\infty)$, $y\in(0,\pi)$; $\arctan x+\mathrm{arccot}\, x=\dfrac{\pi}{2}$.

3. 初等函数

由基本初等函数经过有限次的四则运算以及有限次的复合运算所得到的并且用一个式子表示的函数,称为初等函数. 六类基本初等函数,分别为

(1) 常数函数 $y=c$, $c\in\mathbf{R}$.

(2) 幂函数 $y=x^a$, $a\in\mathbf{R}$.

(3) 指数函数 $y=a^x$ $(a>0,a\neq 1)$.

(4) 对数函数 $y=\log_a x$ $(a>0,a\neq 1)$.

(5) 三角函数 $y=\sin x$(正弦函数),$y=\tan x$(正切函数),$y=\sec x$(正割函数),$y=\cos x$(余弦函数),$y=\cot x$(余切函数),$y=\csc x$(余割函数).

(6) 4 个反三角函数 $y=\arcsin x$, $y=\arccos x$, $y=\arctan x$, $y=\mathrm{arccot}\, x$.

4. 几个常用的公式

$\sec x=\dfrac{1}{\cos x}$, $\csc x=\dfrac{1}{\sin x}$, $1+\tan^2 x=\sec^2 x$, $1+\cot^2 x=\csc^2 x$.

幂指函数转化 $f(x)^{g(x)}=\mathrm{e}^{g(x)\ln f(x)}$.

§1.2 数列的极限

1. 数列极限概念

$$\lim_{n\to\infty} a_n=a \Leftrightarrow \forall \varepsilon>0,\exists N>0,\text{对}\ \forall n>N,\text{有}\ |a_n-a|<\varepsilon.$$

若数列 $\{a_n\}$ 有极限 a,称数列 $\{a_n\}$ 收敛于 a. 若数列 $\{a_n\}$ 不存在极限,则称数列 $\{a_n\}$ 发散.

2. 收敛数列的性质

唯一性:若数列 $\{a_n\}$ 收敛,则它的极限是唯一的.

有界性:若数列 $\{a_n\}$ 收敛,则数列 $\{a_n\}$ 有界,即 $\exists M>0$, $\forall n\in\mathbf{N}$,有 $|a_n|\leqslant M$.

保序性:若 $\lim\limits_{n\to\infty} a_n=a$ 与 $\lim\limits_{n\to\infty} b_n=b$,且 $a<b$,则 $\exists N\in\mathbf{N}$, $\forall n>N$,有 $a_n<b_n$.

四则运算法则:若 $\{a_n\}$ 和 $\{b_n\}$ 是收敛数列,则 $\{a_n+b_n\}$, $\{a_n-b_n\}$, $\{a_nb_n\}$ 也都是收敛数列,而且

$$\lim_{n\to\infty}(a_n\pm b_n)=\lim_{n\to\infty} a_n\pm\lim_{n\to\infty} b_n;\ \lim_{n\to\infty}(a_nb_n)=\lim_{n\to\infty} a_n\cdot\lim_{n\to\infty} b_n.$$

3. 数列的收敛判别方法

夹逼准则：设 $\{a_n\}$、$\{b_n\}$、$\{c_n\}$ 是三个数列，若 $\exists N \in \mathbf{N}, \forall n > N$，有 $a_n \leqslant b_n \leqslant c_n$，且 $\lim\limits_{n\to\infty} a_n = \lim\limits_{n\to\infty} c_n = l$，则 $\lim\limits_{n\to\infty} b_n = l$.

单调有界定理：单调有界的数列必有极限.

柯西收敛准则：数列 $\{a_n\}$ 收敛 $\Leftrightarrow \forall \varepsilon > 0, \exists N \in \mathbf{N}, \forall n, m > N$，有 $|a_n - a_m| < \varepsilon$.

4. 几个常用的数列极限

(1) $\lim\limits_{n\to\infty} \sqrt[n]{n} = 1$.

(2) $\lim\limits_{n\to\infty} \sqrt[n]{a} = 1 (a > 0)$.

(3) $\lim\limits_{n\to\infty} \left(1 + \dfrac{1}{n}\right)^n = \mathrm{e}$.

(4) $\lim\limits_{n\to\infty} q^n = 0 (|q| < 1)$.

(5) $\lim\limits_{n\to\infty} \dfrac{a_m x^m + a_{m-1} x^{m-1} + \cdots + a_0}{b_n x^n + b_{n-1} x^{n-1} + \cdots + b_0} = \begin{cases} \dfrac{a_m}{b_n}, & m = n, \\ \infty, & m > n, \\ 0, & m < n, \end{cases}$ 其中 $a_m b_n \neq 0$.

§1.3 函数的极限

1. 函数极限定义

$$\lim_{x\to\infty} f(x) = A \Leftrightarrow \forall \varepsilon > 0, \exists M > 0, \forall |x| > M, \text{有 } |f(x) - A| < \varepsilon.$$

$$\lim_{x\to x_0} f(x) = A \Leftrightarrow \text{若 } \forall \varepsilon > 0, \exists \delta > 0, \forall x: 0 < |x - x_0| < \delta, \text{有 } |f(x) - A| < \varepsilon.$$

单侧极限定义类似可得单侧极限和极限的关系：

$$\lim_{x\to\infty} f(x) = A \Leftrightarrow \lim_{x\to+\infty} f(x) = \lim_{x\to-\infty} f(x) = A;$$

$$\lim_{x\to x_0} f(x) = A \Leftrightarrow \lim_{x\to x_0^+} f(x) = \lim_{x\to x_0^-} f(x) = A.$$

2. 函数极限的性质

唯一性：若极限 $\lim\limits_{x\to x_0} f(x)$ 存在，则该极限是唯一的.

局部有界性：若 $\lim\limits_{x\to x_0} f(x) = A$，则 $\exists M, \delta_0 > 0, \forall x: 0 < |x - x_0| < \delta_0$，有 $|f(x)| \leqslant M$.

局部保号性：若 $\lim\limits_{x\to x_0} f(x) = A$，且 $A < 0$（或 $A > 0$），则 $\exists \delta_0 > 0, \forall x: 0 < |x - x_0| <$

δ_0，有 $f(x) < 0$(或 $f(x) > 0$).

四则运算：若极限 $\lim\limits_{x \to x_0} f(x)$ 与 $\lim\limits_{x \to x_0} g(x)$ 都存在，则有

(1) $\lim\limits_{x \to x_0}[f(x) \pm g(x)] = \lim\limits_{x \to x_0} f(x) \pm \lim\limits_{x \to x_0} g(x)$.

(2) $\lim\limits_{x \to x_0}[f(x)g(x)] = \lim\limits_{x \to x_0} f(x) \cdot \lim\limits_{x \to x_0} g(x)$.

(3) $\lim\limits_{x \to x_0} \dfrac{f(x)}{g(x)} = \dfrac{\lim\limits_{x \to x_0} f(x)}{\lim\limits_{x \to x_0} g(x)}$ ($\lim\limits_{x \to x_0} g(x) \neq 0$).

复合函数的极限：设有复合函数 $f[g(x)]$，若① $\lim\limits_{x \to x_0} g(x) = u_0$，② $\forall x \in \overset{\circ}{U}(x_0)$，有 $u = g(x) \in \overset{\circ}{U}(u_0)$，③ $\lim\limits_{u \to u_0} f(u) = A$，则 $\lim\limits_{x \to x_0} f[g(x)] = A$.

3. 两个重要极限(x 可换为任意无穷小函数)

(1) $\lim\limits_{x \to 0} \dfrac{\sin x}{x} = 1$.

(2) $\lim\limits_{x \to 0}(1+x)^{\frac{1}{x}} = \mathrm{e}$.

§1.4 无穷大和无穷小

1. 无穷小和无穷大的概念

若 $\lim\limits_{x \to x_0} f(x) = 0$，则称函数 $f(x)$ 是当 $x \to x_0$ 时的无穷小. 若 $\lim\limits_{x \to x_0} f(x) = \infty$，则称函数 $f(x)$ 是当 $x \to x_0$ 时的无穷大. 可将 $x \to x_0$ 换成自变量的其他变化方式. 无穷小(无穷大)是变量，因为描述时必须指明自变量变化方式.

极限和无穷小的关系：$\lim\limits_{x \to x_0} f(x) = A \Leftrightarrow f(x) = A + \alpha$，其中 $\alpha(x \to x_0)$ 是无穷小.

无穷大和无穷小的倒数关系：$\begin{cases} \lim f(x) = \infty \Rightarrow \lim \dfrac{1}{f(x)} = 0; \\ \lim \alpha = 0(\alpha \neq 0) \Rightarrow \lim \dfrac{1}{\alpha} = \infty. \end{cases}$

2. 无穷小(大)的运算性质

设 $x \to x_0$ 时：

性质 1 若 $f(x)$ 与 $g(x)$ 都是无穷小，则 $f(x) \pm g(x)$ 是无穷小.

性质 2 若 $f(x)$ 是无穷小，$g(x)$ 在 $\overset{\circ}{U}(x_0, \eta)$ 内有界，则 $f(x)g(x)$ 是无穷小.

性质 3 若 $f(x)$ 与 $g(x)$ 都是无穷大，则 $f(x)g(x)$ 是无穷大.

性质 4 若 $f(x)$ 是无穷大，函数 $g(x)$ 在 $\overset{\circ}{U}(x_0, \eta)$ 有界，则 $f(x) + g(x)$ 是无穷大.

3. 无穷小阶的比较

设 $f(x)$ 与 $g(x)(x \to x_0)$ 都是无穷小，且 $g(x) \neq 0$，$\forall x \in \overset{\circ}{U}(x_0)$.

(1) 若 $\lim\limits_{x \to x_0} \dfrac{f(x)}{g(x)} = 0$，则称 $f(x)$ 是比 $g(x)$ 高阶的无穷小，记作 $f(x) = o[g(x)]$.

(2) 若 $\lim\limits_{x \to x_0} \dfrac{f(x)}{g(x)} = a \neq 0$，则称 $f(x)$ 与 $g(x)$ 是同阶的无穷小. 特别地，若 $\lim\limits_{x \to x_0} \dfrac{f(x)}{g(x)} = 1$，则称 $f(x)$ 与 $g(x)$ 是等价无穷小，记作 $f(x) \sim g(x)$.

等价无穷小替换：当 $f(x) \sim g(x)\ (x \to x_0)$，则

(1) 若 $\lim\limits_{x \to x_0} f(x)h(x) = A$，则 $\lim\limits_{x \to x_0} g(x)h(x) = A$.

(2) 若 $\lim\limits_{x \to x_0} \dfrac{h(x)}{f(x)} = B$，则 $\lim\limits_{x \to x_0} \dfrac{h(x)}{g(x)} = B$.

常见的等价无穷小：当 $x \to 0$ 时，有

$$x \sim \sin x \sim \tan x \sim \arcsin x \sim \arctan x \sim e^x - 1 \sim \ln(1+x),$$

$$\sqrt[n]{1+x} \sim \frac{1}{n}x,\ 1 - \cos x \sim \frac{1}{2}x^2.$$

这里 x 可换为任意无穷小函数.

§1.5 连续函数

1. 连续的概念

若 $\lim\limits_{x \to x_0} f(x) = f(x_0)$，则称函数 $f(x)$ 在 x_0 连续，x_0 是函数 $f(x)$ 的连续点.

若 $\lim\limits_{x \to x_0^+} f(x) \triangleq f(x_0 + 0) = f(x_0)\ (\lim\limits_{x \to x_0^-} f(x) \triangleq f(x_0 - 0) = f(x))$，则称函数 $f(x)$ 在 x_0 右连续(左连续).

连续和单侧连续的联系：$f(x)$ 在 x_0 连续当且仅当 $f(x)$ 在 x_0 处既左连续，又右连续. 连续函数通过四则运算和复合后仍连续. 一切初等函数在其定义区间内都是连续的.

2. 间断点定义

函数 $f(x)$ 在点 x_0 不连续，称 x_0 是函数 $f(x)$ 的间断点，即有下列三种情况之一时：

(1) 函数 $f(x)$ 在 x_0 没有定义.

(2) 极限 $\lim\limits_{x \to x_0} f(x)$ 存在，即 $f(x_0 - 0) = f(x_0 + 0)$，但 $\lim\limits_{x \to x_0} f(x) \neq f(x_0)$.

(3) 极限 $\lim\limits_{x \to x_0} f(x)$ 不存在.

3. 间断点分类

(1) 如果 x_0 为函数 $f(x)$ 的间断点，且左右极限存在，则称 x_0 为 $f(x)$ 第一类间断点. 特别地，当左右极限不相等时，称 x_0 为 $f(x)$ 的跳跃间断点；否则，称 x_0 为 $f(x)$ 的可去间断点.

(2) 如果 x_0 处左右极限至少有一个不存在，则称 x_0 为 $f(x)$ 的第二类间断点，其中包含无穷间断点与振荡间断点.

4. 闭区间上连续函数性质

有界性：闭区间上的连续函数必有界.

最值性：闭区间上的连续函数必有最大值和最小值.

介值性：闭区间上的连续函数，介于最大值和最小值之间的任意实数都一定是函数值.

零点存在定理：若函数 $f(x)$ 在闭区间 $[a,b]$ 上连续，且 $f(a)f(b)<0$，则在区间 (a,b) 内至少存在一点 c，使得 $f(c)=0$.

§1.1 函数的概念

1. 设 $f(x)$ 是奇函数，$g(x)$ 为偶函数，则下列为奇函数的是( ).
A. $f(f(x))$ B. $f(g(x))$ C. $g(f(x))$ D. $g(g(x))$

2. 下列为偶函数的是( ).
A. $\ln\dfrac{1+x}{1-x}$ B. $\dfrac{e^x+1}{e^x-1}$ C. $\arctan x$ D. $\dfrac{e^x+e^{-x}}{2}$

3. 函数 $y=\dfrac{1}{x}\sin\dfrac{1}{x}$ 是( ).
A. 偶函数 B. 奇函数 C. 有界函数 D. 周期函数

4. 设 $f(x)=\dfrac{1}{1+\dfrac{1}{x}}$，$g(x)=1+\dfrac{1}{x}$，则 $f(g(x))$ 的定义域为_____.

5. 函数 $y=\ln x+\ln(1-x^2)$ 的定义域为_____.

6. 设 $f(e^x+1)=e^{2x}+e^x+1$，有 $f(x)=$_____.

7. 求 $f(x)=\dfrac{1}{\sqrt{x^2-x-6}}+\arcsin\dfrac{2x-1}{7}$ 的定义域.

8. 拆分复合函数 $y=\ln\left(\sin^2\dfrac{1}{x}\right)$.

9. 判断 $f(x)=\arcsin(\sin x), g(x)=\sin(\arcsin x)$ 与函数 $y=x$ 是否相等.

10. 判断 $f(x)=x^{\sin x}$ 是否为初等函数.

11. 设 $f(x)=\begin{cases}1+x, & x<0, \\ 1, & x\geqslant 0,\end{cases}$ 求 $f(f(x))$ 的表达式.

12. 设 $f(x)=\dfrac{x}{1-x}$,求 $f\left(\dfrac{1}{f(x)}\right)$ 的定义域和对应法则.

§1.2 数列的极限

1. 设有两个数列 $\{a_n\}$、$\{b_n\}$，若 $\lim\limits_{n\to\infty}a_nb_n=0$，则（　　）.

A. 若 $\{a_n\}$ 收敛，则 $\{b_n\}$ 收敛　　B. 若 $\{a_n\}$ 发散，则 $\{b_n\}$ 发散

C. $\{a_n\}$、$\{b_n\}$ 都收敛　　D. 以上都不对

2. 设函数 $f(x)$ 在 $(-\infty,+\infty)$ 内单调有界，$\{x_n\}$ 为数列，下列命题正确的是（　　）.

A. 若 $\{x_n\}$ 收敛，则 $\{f(x_n)\}$ 收敛

B. 若 $\{x_n\}$ 单调，则 $\{f(x_n)\}$ 收敛

C. 若 $\{f(x_n)\}$ 收敛，则 $\{x_n\}$ 收敛

D. 若 $\{f(x_n)\}$ 单调，则 $\{x_n\}$ 收敛

3. 若 $\lim\limits_{n\to\infty}a_n$ 存在，下列哪个条件可推出数列 $\{b_n\}$ 收敛（　　）.

A. $\lim\limits_{n\to\infty}a_nb_n$ 存在　　B. $\lim\limits_{n\to\infty}(a_n-b_n)$ 存在

C. $\lim\limits_{n\to\infty}\dfrac{a_n}{b_n}$ 存在　　D. $\lim\limits_{n\to\infty}|a_n+b_n|$ 存在

4. 极限 $\lim\limits_{n\to+\infty}\dfrac{(-2)^n+3^n}{3^n}=$ _____.

5. 极限 $\lim\limits_{n\to\infty}\left(1-\dfrac{1}{n}\right)^n=$ _____.

6. 若极限 $\lim\limits_{n\to\infty}a_n=a$，则 $\lim\limits_{n\to\infty}a_{3n}=$ _____.

7. 计算极限 $\lim\limits_{n\to+\infty}\left(\dfrac{1}{n^2+1}+\dfrac{2}{n^2+2}+\cdots+\dfrac{n}{n^2+n}\right)$.

8. 若 $|a|<1$，$|b|<1$，计算极限 $\lim\limits_{n\to+\infty}\dfrac{1+a+\cdots+a^n}{1+b+\cdots+b^n}$.

9. 计算极限 $\lim\limits_{n\to\infty}\left(1-\dfrac{1}{n}\right)^{n^2}$.

10. 计算极限 $\lim\limits_{n\to\infty}\dfrac{n^2+1}{(n+1)(2n+2)}$.

11. 证明：若 $\lim\limits_{n\to\infty}a_n=0$，当且仅当 $\lim\limits_{n\to\infty}|a_n|=0$.

12. 设 $x_1=10$，$x_{n+1}=\sqrt{6+x_n}\,(n=1,2,\cdots)$，证明：数列 $\{x_n\}$ 极限存在并求极限.

§1.3 函数的极限

1. 函数 $f(x)$ 在点 x_0 处有定义是其在 x_0 处极限存在的(　　).
A. 充分非必要条件
B. 必要非充分条件
C. 充要条件
D. 无关条件

2. 设对任意 x,总有 $h(x) \leqslant f(x) \leqslant g(x)$,且 $\lim\limits_{x\to\infty}[g(x)-h(x)]=0$,则 $\lim\limits_{x\to\infty}f(x)$(　　).
A. 存在且一定为 0
B. 存在但不一定为 0
C. 不一定存在
D. 一定不存在

3. 设 $\lim f(x)=0$,$\lim g(x)=0$,$f(x)g(x)\neq 0$,则下列说法正确的是(　　).
A. $\lim\dfrac{f(x)}{g(x)}=1$
B. $\lim |f(x)|^{|g(x)|}=0$
C. $\lim\left(\dfrac{1}{f(x)}+\dfrac{1}{g(x)}\right)=0$
D. $\lim(f(x)+g(x))=0$

4. 极限 $\lim\limits_{x\to 0^+}\left(\dfrac{x}{1-x}+\dfrac{1}{\ln x}\right)=$ ＿＿＿＿.

5. 极限 $\lim\limits_{x\to 0}\dfrac{x^2\sin\dfrac{1}{x}}{\sin x}=$ ＿＿＿＿.

6. 若极限 $\lim\limits_{x\to\infty}\left(\dfrac{x^2+2}{x}+ax\right)=0$,则常数 $a=$ ＿＿＿＿.

7. 计算极限 $\lim\limits_{x\to 1}\dfrac{\sqrt{2x-1}-1}{\sqrt{x}-1}$.

8. 计算极限 $\lim\limits_{x\to\pi}\dfrac{\sin nx}{\sin mx}$,其中 m、n 为整数.

9. 计算 a, b 的值,使得 $\lim\limits_{x\to\infty}\left(\dfrac{x^2}{x+1}-ax-b\right)=0$.

10. 计算极限 $\lim\limits_{x\to 0}(1+2\sin x)^{\csc x}$.

11. 计算极限 $\lim\limits_{x\to\infty}\left(\dfrac{x+2a}{x-a}\right)^x$.

12. 计算极限 $\lim\limits_{x\to 1}\left(\dfrac{1}{x-1}-\dfrac{3}{x^3-1}\right)$.

§1.4 无穷大和无穷小

1. 当 $x \to 0^+$ 时,(　　)是无穷小量.

A. $x\sin\dfrac{1}{x}$ 　　B. $e^{\frac{1}{x}}$ 　　C. $\ln x$ 　　D. $\dfrac{1}{x}\sin x$

2. 当 $x \to 0^+$ 时,与 $\sqrt{x}$ 等价的无穷小量是(　　).

A. $1-e^{\sqrt{x}}$ 　　B. $\ln\dfrac{1+x}{1-\sqrt{x}}$ 　　C. $\sqrt{1+\sqrt{x}}-1$ 　　D. $1-\cos\sqrt{x}$

3. 当 $x \to 0^+$ 时,下列最高阶的无穷小是(　　).

A. x^2 　　B. $1-\cos x$ 　　C. $\sqrt{1+2x^2}-1$ 　　D. $\sqrt{\ln(1+x^5)}$

4. 若 $x \to 0$ 时,$\sqrt[3]{1+ax^2}-1$ 和 $\cos x - 1$ 是等价无穷小,则常数 $a = $ _____.

5. 若当 $x \to 0$ 时,$\alpha,\beta(\beta \neq 0)$ 是等价无穷小,则有 $\lim\limits_{x \to 0}\dfrac{\alpha}{\beta} = $ _____.

6. 若当 $x \to 0$ 时,$f(x)$ 为无穷大,$\lim\limits_{x \to 0}g(x) = a \neq 0$,则有 $\lim\limits_{x \to 0}\dfrac{1}{f(x)g(x)} = $ _____.

7. 计算极限 $\lim\limits_{x \to 1}\dfrac{\ln x}{\sin(x-1)}$.

8. 计算极限 $\lim\limits_{x \to 0}\dfrac{e^{x^2}-1}{\cos x - 1}$.

9. 计算极限 $\lim\limits_{x \to 0}\dfrac{(1+x)^x - 1}{\sin x^2}$.

10. 计算极限 $\lim\limits_{x\to 0}\dfrac{\ln\cos x}{x^2}$.

11. 计算极限 $\lim\limits_{x\to 0}\left(\dfrac{e^x+e^{2x}+\cdots+e^{nx}}{n}\right)^{\frac{1}{x}}$.

12. 求 k 的值,使得当 $x\to 0$ 时,$e^{\tan x}-e^{\sin x}$ 和 x^k 是同阶无穷小.

§1.5 连续函数

1. $x=0$ 是函数 $e^{\frac{1}{x}}\sin\frac{1}{x}$ (   ).

A. 可去间断点　　B. 跳跃间断点　　C. 第二类间断点　　D. 连续点

2. 点 $x=1$ 是函数 $f(x)=\begin{cases}3x-1, & x<1,\\ 1, & x=1,\\ 3-x, & x>1\end{cases}$ 的(   ).

A. 连续点　　B. 跳跃间断点　　C. 可去间断点　　D. 第二类间断点

3. 若函数 $f(x)=\begin{cases}\dfrac{1-\cos\sqrt{x}}{ax}, & x>0,\\ b, & x\leqslant 0\end{cases}$ 在 $x=0$ 处连续,则 $ab=$(   ).

A. $1/2$　　B. $-1/2$　　C. 0　　D. 2

4. 函数 $f(x)=\begin{cases}\dfrac{\sin x}{|x|}, & x\neq 0,\\ 1, & x=0\end{cases}$ 在 $x=0$ 处(   ).

A. 有极限　　　　　　　　　　B. 连续
C. 左右极限均存在但不相等　　D. 以上都不对

5. 函数 $f(x)=\begin{cases}x, & x\leqslant 0,\\ \dfrac{1}{n}, & \dfrac{1}{n+1}<x\leqslant\dfrac{1}{n},\end{cases}$ $n=1,2,\cdots$ 则 $x=0$ 为函数的(   ).

A. 可去间断点　　B. 跳跃间断点　　C. 第二类间断点　　D. 连续点

6. 设 $f(x)=\begin{cases}e^{\frac{1}{1-x^2}}, & x>0,\\ \dfrac{\sin ax}{x}, & x<0,\end{cases}$ 当 $a=$_____时, $x=0$ 为可去间断点.

7. 设 $f(x)=\begin{cases}e^{\frac{1}{1+x}}, & x>0,\\ \ln|1+x|, & x\leqslant 0,\end{cases}$ 则 $f(x)$ 有_____个间断点.

8. 设 $f(x)=\dfrac{x^2-1}{x^2-3x+2}$, 则 $f(x)$ 的第一类间断点为_____.

9. 计算 k 的值,使得 $\lim\limits_{x\to 0}\left(\dfrac{1-\tan x}{1+\tan x}\right)^{\frac{1}{\sin kx}}=e$.

10. 计算极限 $\lim\limits_{x\to 0}\dfrac{\ln\dfrac{1+x}{1-\sqrt{x}}}{\sqrt{x}}$.

11. 计算极限 $\lim\limits_{x\to\infty}\left[\dfrac{x^2}{(x-1)(x+2)}\right]^x$.

12. 证明：函数 $f(x)=\sqrt[4]{|x|}+\sqrt{|x|}-\cos x$ 在 $(-\infty,+\infty)$ 上至少有两个实根.

第 2 章 导数与微分

1. 基本要求

(1) 理解导数(包括左、右导数)的概念,了解导数的几何意义,理解函数的可导性与连续性之间的关系;

(2) 掌握基本初等函数的导数公式、导数的四则运算法则、复合函数的求导法则、隐函数的求导法则、由参数方程所确定的函数的求导法则;

(3) 了解分段函数的导数;

(4) 理解高阶导数的概念,掌握函数的二阶导数的计算,会求一些简单函数的 n 阶导数;

(5) 会解一些简单实际问题中的相关变化率问题;

(6) 理解微分的概念与运算法则.

2. 重点内容

(1) 导数、微分基本公式;(2) 导数、微分四则运算法则;(3) 复合函数求导公式、隐函数求导方法、参数方程所确定的函数的求导公式;(4) 一些简单函数的高阶导数公式;(5) 函数的可导性、可微性与连续性之间的关系.

3. 难点内容

(1) 导数定义;(2) 复合函数求导、隐函数求导、参数方程所确定的函数求导;(3) 微分及其不变性.

§2.1 导数的概念

1. 导数的定义

设函数 $y=f(x)$ 在点 x_0 的某个邻域内有定义,函数 $y=f(x)$ 在点 x_0 处的导数为 $f'(x_0)=\lim\limits_{\Delta x \to 0}\dfrac{\Delta y}{\Delta x}=\lim\limits_{\Delta x \to 0}\dfrac{f(x_0+\Delta x)-f(x_0)}{\Delta x}$,也可记为 $y'|_{x=x_0}$,$\dfrac{\mathrm{d}y}{\mathrm{d}x}\Big|_{x=x_0}$ 或 $\dfrac{\mathrm{d}f(x)}{\mathrm{d}x}\Big|_{x=x_0}$.

对于任一 $x \in I$,都有 $f'(x)=\lim\limits_{\Delta x \to 0}\dfrac{f(x+\Delta x)-f(x)}{\Delta x}$,称为函数 $y=f(x)$ 的导函数,记作 y'、$f'(x)$、$\dfrac{\mathrm{d}y}{\mathrm{d}x}$ 或 $\dfrac{\mathrm{d}f(x)}{\mathrm{d}x}$.

2. 函数在一点处的左、右导数(单侧导数)

左导数:$f'_-(x_0)=\lim\limits_{\Delta x \to 0^-}\dfrac{\Delta y}{\Delta x}=\lim\limits_{\Delta x \to 0^-}\dfrac{f(x_0+\Delta x)-f(x_0)}{\Delta x}$.

右导数：$f'_+(x_0) = \lim\limits_{\Delta x \to 0^+} \dfrac{\Delta y}{\Delta x} = \lim\limits_{\Delta x \to 0^+} \dfrac{f(x_0 + \Delta x) - f(x_0)}{\Delta x}$.

注：函数 $y = f(x)$ 在点 x_0 处的导数存在 $\Leftrightarrow f'_-(x_0) = f'_+(x_0)$.

3. 导数的几何意义

函数 $f(x)$ 在点 x_0 处的导数 $f'(x_0)$，在几何上表示曲线 $y = f(x)$ 在点 $M_0(x_0, f(x_0))$ 处切线 M_0T 的斜率，即 $f'(x_0) = \tan \alpha$，其中 α 是切线 M_0T 的倾角.

4. 函数的可导性与连续性的关系

如果 $f(x)$ 在点 x_0 处可导，则 $f(x)$ 在点 x_0 处连续，反之则未必成立.

§2.2　函数的求导法则

1. 基本初等函数的导数公式

(1) $(C)' = 0$（C 为常数）.　　(2) $(x^\alpha)' = \alpha x^{\alpha-1}$（$x > 0$，$\alpha$ 为常数）.

(3) $(\sin x)' = \cos x$.　　(4) $(\cos x)' = -\sin x$.

(5) $(\tan x)' = \sec^2 x$.　　(6) $(\cot x)' = -\csc^2 x$.

(7) $(\sec x)' = \sec x \tan x$.　　(8) $(\csc x)' = -\csc x \cot x$.

(9) $(a^x)' = a^x \ln a$，特例 $(e^x)' = e^x$.　　(10) $(\log_a x)' = \dfrac{1}{x \ln a}$，特例 $(\ln x)' = \dfrac{1}{x}$.

(11) $(\arcsin x)' = \dfrac{1}{\sqrt{1-x^2}}$.　　(12) $(\arccos x)' = -\dfrac{1}{\sqrt{1-x^2}}$.

(13) $(\arctan x)' = \dfrac{1}{1+x^2}$.　　(14) $(\operatorname{arccot} x)' = -\dfrac{1}{1+x^2}$.

2. 求导四则运算法则

定理　如果函数 $y = f(x)$ 及 $y = g(x)$ 在点 x 处可导，则它们的和、差、积、商（除分母为 0 的点）都在点 x 处可导，并且

(1) $[f(x) \pm g(x)]' = f'(x) \pm g'(x)$；

(2) $[f(x)g(x)]' = f'(x)g(x) + f(x)g'(x)$；

(3) $\left[\dfrac{f(x)}{g(x)}\right]' = \dfrac{f'(x)g(x) - f(x)g'(x)}{g^2(x)}$，$g(x) \neq 0$.

注：一般来说，$[f(x)g(x)]' \neq f'(x)g'(x)$.

3. 反函数的求导法则

定理　如果函数 $x = f(y)$ 在区间 I_y 内单调、可导且 $f'(y) \neq 0$，那么它的反函数 $y = f^{-1}(x)$ 在对应区间 $I_x = \{x \mid x = f(y), y \in I_y\}$ 内也单调、可导，并且

$$[f^{-1}(x)]' = \frac{1}{f'(y)} \text{ 或 } \frac{dy}{dx} = \frac{1}{\frac{dx}{dy}}.$$

4. 复合函数的求导法则

如果函数 $u = g(x)$ 在点 x 处可导,而函数 $y = f(u)$ 在相应点 u 处可导,则复合函数 $y = f[g(x)]$ 在点 x 处也可导,且其导数为 $\frac{dy}{dx} = f'(u)g'(x)$ 或 $\frac{dy}{dx} = \frac{dy}{du} \cdot \frac{du}{dx}$.

§2.3 高阶导数

1. 基本概念

函数 $y = f(x)$ 的导数 $y' = f'(x)$ 称为 $y = f(x)$ 的一阶导数. 把 $f(x)$ 的导数的导数称为 $f(x)$ 的二阶导数,记作 y'', $f''(x)$, $\frac{d^2 y}{dx^2}$ 或 $\frac{d^2 f(x)}{dx^2}$.

一般地,$f(x)$ 的 $(n-1)$ 阶导数的导数叫作 $f(x)$ 的 n 阶导数,分别记作

$$y''', y^{(4)}, \cdots, y^{(n)} \text{ 或 } \frac{d^3 y}{dx^3}, \frac{d^4 y}{dx^4}, \cdots, \frac{d^n y}{dx^n}.$$

显然有 $y^{(n)} = (y^{(n-1)})'$, $\frac{d^n y}{dx^n} = \frac{d}{dx}\left(\frac{d^{n-1} y}{dx^{n-1}}\right)$.

函数 $f(x)$ 具有 n 阶导数,也常说成函数 $f(x)$ 为 n 阶可导. 如果函数 $f(x)$ 在点 x 处具有 n 阶导数,那么函数 $f(x)$ 在点 x 的某一邻域内必定具有一切低于 n 阶的导数. 二阶及二阶以上的导数统称为高阶导数.

2. 运算法则

(1) 设 $f(x)$ 和 $g(x)$ 都是 n 阶可导的,则 $[c_1 f(x) + c_2 g(x)]^{(n)} = c_1 f^{(n)}(x) + c_2 g^{(n)}(x)$,$c_1$ 和 c_2 为任意常数.

(2) 莱布尼茨公式:设 $f(x)$ 和 $g(x)$ 都是 n 阶可导的,则它们的积函数 $f(x)g(x)$ 也 n 阶可导,且公式 $[f(x)g(x)]^{(n)} = \sum_{k=0}^{n} C_n^k f^{(n-k)}(x) g^{(k)}(x)$ 成立,其中 $C_n^k = \frac{n!}{k!(n-k)!}$ 是组合系数,且 $f^{(0)}(x) = f(x)$, $g^{(0)}(x) = g(x)$.

§2.4 隐函数的导数、由参数方程所确定的函数的导数、相关变化率

1. 隐函数求导法

在隐函数方程的两边同时对 x 求导,在求导的过程中要把 y 看作是 x 的函数,从而利用复合函数求导的链式法则来进行.

2. 对数求导法

在 $y=f(x)$ 的两边取对数,将其变化为隐函数方程 $\ln y = \ln f(x)$,然后再利用隐函数求导法求出导数 $\dfrac{dy}{dx}$.

对数求导法多用于求幂指函数 $y=[u(x)]^{v(x)}$ 的导数及多因子之积或商的导数.

3. 参数方程求导

设参数方程 $\begin{cases} x=\varphi(t), \\ y=\psi(t), \end{cases} t \in I$,则 $\dfrac{dy}{dx} = \dfrac{dy}{dt} \cdot \dfrac{dt}{dx} = \dfrac{dy}{dt} \cdot \dfrac{1}{\frac{dx}{dt}} = \dfrac{\psi'(t)}{\varphi'(t)}$.

§2.5 函数的微分

1. 微分的概念

若 $x_0 \in I$,如果函数 $y=f(x)$ 的增量满足 $\Delta y = f(x_0+\Delta x) - f(x_0) = A\Delta x + o(\Delta x)$,其中 A 是不依赖于 Δx 的常数,那么称函数 $y=f(x)$ 在点 x_0 处可微,而 $A\Delta x$ 称为函数 $y=f(x)$ 在点 x_0 处相应于自变量增量 Δx 的微分,记作 $dy|_{x=x_0}$,即 $dy|_{x=x_0} = A\Delta x$.

2. 函数可微、可导、连续之间的关系

函数 $f(x)$ 在点 x_0 处可微的充分必要条件是函数 $f(x)$ 在点 x_0 处可导,且当函数 $f(x)$ 在点 x_0 处可微时,其微分为 $dy|_{x=x_0} = f'(x_0)\Delta x$.

如果函数 $f(x)$ 在点 x_0 处可微,则 $f(x)$ 在点 x_0 处连续;反之则未必成立.

3. 基本初等函数的微分公式与微分运算法则

(1) 基本初等函数的微分公式:

$d(C) = 0$,其中 C 为常数;$d(x^\alpha) = \alpha x^{\alpha-1} dx \,(x>0,\alpha$ 为常数$)$;

$d(\sin x) = \cos x \, dx$;$d(\cos x) = -\sin x \, dx$;

$d(\tan x) = \sec^2 x \, dx$;$d(\cot x) = -\csc^2 x \, dx$;

$d(\sec x) = \sec x \tan x \, dx$;$d(\csc x) = -\csc x \cot x \, dx$;

$d(a^x) = a^x \ln a \, dx$,特例 $d(e^x) = e^x dx$;$d(\log_a x) = \dfrac{1}{x \ln a} dx$;

$d(\arcsin x) = \dfrac{1}{\sqrt{1-x^2}} dx$;$d(\arccos x) = -\dfrac{1}{\sqrt{1-x^2}} dx$;

$d(\arctan x) = \dfrac{1}{1+x^2} dx$;$d(\text{arccot}\, x) = -\dfrac{1}{1+x^2} dx$.

(2) 函数和、差、积、商的微分法则:

设函数 $y=f(x)$ 及 $y=g(x)$ 都可微,则

$$d(f \pm g) = df \pm dg; \quad d(f \cdot g) = df \cdot g + f \cdot dg; \quad d\left(\frac{f}{g}\right) = \frac{df \cdot g - f \cdot dg}{g^2}, \quad g \neq 0.$$

(3) 复合函数的微分法则:

设函数 $y=f(u)$ 及 $u=g(x)$ 都可微,则复合函数 $y=f[g(x)]$ 的微分为:

$$dy = y'_x dx = f'[g(x)] \cdot g'(x) dx.$$

复合函数 $y=f[g(x)]$ 的微分公式也可以写成 $dy=f'(u)du$ 或 $dy=y'_u du$.

4. 微分在近似计算中的应用

如果函数 $y=f(x)$ 在点 x_0 处可导,则当 $|\Delta x|$ 很小时,有 $\Delta y \approx dy|_{x=x_0} = f'(x_0)\Delta x$,所以 $f(x_0+\Delta x) \approx f(x_0) + f'(x_0)\Delta x$ 也可表示为 $f(x) \approx f(x_0) + f'(x_0)(x-x_0)$.

本章习题

§2.1 导数的概念

1. 如果 $f'(x_0)$ 存在,则 $\lim\limits_{\Delta x \to 0} \dfrac{f(x_0+\Delta x)-f(x_0-\Delta x)}{\Delta x}=$（　　）.

A. $f'(x_0)$ B. $-f'(x_0)$ C. $2f'(x_0)$ D. $-2f'(x_0)$

2. 函数 $f(x)=\sqrt[3]{x}$ 在点 $x_0=0$ 处（　　）.

A. 连续且可导   B. 连续但不可导

C. 不连续也不可导   D. 不连续但可导

3. 设 $f(0)=0$, $f'(0)=5$,则 $\lim\limits_{x\to 0}\dfrac{f(x)}{x}=$（　　）.

A. 5 B. -5 C. $\dfrac{1}{5}$ D. $-\dfrac{1}{5}$

4. 函数 $f(x)=x^4\sqrt{x}$ 的导数为_____.

5. 设 $f'(x)$ 存在,且 $\lim\limits_{x\to 0}\dfrac{f(1)-f(1-x)}{2x}=-1$,则 $f'(1)=$_____.

6. 设曲线 $y=2x^2+C$ 与直线 $y=4x$ 相切,则常数 $C=$_____.

7. 讨论函数 $f(x)=\begin{cases}3x-2, & x\leqslant 1,\\ x^2, & x>1\end{cases}$ 在点 $x=1$ 处的连续性与可导性.

8. 设函数 $f(x)=\begin{cases}\mathrm{e}^x, & x\leqslant 0,\\ ax+1, & x>0,\end{cases}$ 当 a 为何值时, $f'(0)$ 存在.

9. 设函数 $f(x)=\begin{cases} g(x)\sin\dfrac{1}{x}, & x\neq 0, \\ 0, & x=0, \end{cases}$ 且 $g(0)=g'(0)=0$, 求 $f'(0)$.

10. 设 $f(x)=\begin{cases} \dfrac{2}{3}x^3, & x\leqslant 1, \\ x^2, & x>1, \end{cases}$ 求 $f'(x)$.

11. 求曲线 $y=\sin x$ 在点 $\left(\dfrac{\pi}{6},\dfrac{1}{2}\right)$ 处的切线方程和法线方程.

12. 证明:双曲线 $xy=a^2$ 上任一点处的切线与两坐标轴构成的三角形的面积都等于 $2a^2$.

§2.2　函数的求导法则

1. 设 $f(x)$ 在 $x=0$ 处连续，下列命题错误的是（　　）.

A. 若 $\lim\limits_{x\to 0}\dfrac{f(x)}{x}$ 存在，则 $f(0)=0$

B. 若 $\lim\limits_{x\to 0}\dfrac{f(x)-f(-x)}{x}$ 存在，则 $f'(0)$ 存在

C. 若 $\lim\limits_{x\to 0}\dfrac{f(x)}{x}$ 存在，则 $f'(0)$ 存在

D. 若 $\lim\limits_{x\to 0}\dfrac{f(x)+f(-x)}{x}$ 存在，则 $f(0)=0$

2. 下列函数中，在 $x=0$ 处不可导的是（　　）.

A. $f(x)=|x|\sin|x|$ 　　　　B. $f(x)=|x|\sin\sqrt{|x|}$

C. $f(x)=\cos|x|$ 　　　　　D. $f(x)=\cos\sqrt{|x|}$

3. 设函数 $f(x)$ 可导，$g(x)=-\cos f(x)$，则 $g'(x)=$（　　）.

A. $f(x)\sin f(x)$ 　　　　　B. $f'(x)\sin f'(x)$

C. $f'(x)\sin f(x)$ 　　　　　D. $f(x)\sin f'(x)$

4. 函数 $y=5\sin x-3\cos x$ 的导函数为 _____.

5. 设函数 $f(t)=\dfrac{3}{5-t}+\dfrac{t^2}{5}$，则 $f'(3)=$ _____.

6. 设函数 $f(x)$ 可导，则 $y=\ln f(x)$ 的导数等于 _____.

7. 求下列函数的导数.

(1) $y=x^2\ln x$ 　　　　　　(2) $y=2\sqrt{x}\tan x+\cot x$

8. 求下列函数的导数.

(1) $f(x)=\dfrac{1-\sqrt{x}}{1+\sqrt{x}}$ 　　　　(2) $f(x)=\cos^2 x+\sqrt{a^2-x^2}$（$a$ 为非零常数）

9. 设函数 $f(x)$ 可导,求下列函数的导数 $\dfrac{dy}{dx}$.

(1) $y = f(e^x) \cdot e^{f(x)}$ (2) $y = f[f(x)]$

(3) $y = f(\ln x)$ (4) $y = e^{f(x)}$

10. 设 $y = 2^{\frac{1}{x}} + \sin \dfrac{2x}{1+x^2}$,求 $\dfrac{dy}{dx}$.

11. 若函数 $y = \dfrac{2^x}{x} + e^{f^2(\cos x)}$,其中 f 可导,求 $\dfrac{dy}{dx}$.

12. 证明:可导的偶函数的导数是奇函数,可导的奇函数的导数是偶函数.

§2.3 高阶导数

1. 设函数 $y = e^{-x}\cos x$，则 $y'' = ($ 　　 $)$.
　A. $e^{-x}\sin x$ 　　　B. $2e^{-x}\sin x$ 　　　C. $-e^{-x}\sin x$ 　　　D. $-2e^{-x}\sin x$

2. 设函数 $y = x\ln x$，则 $y'' = ($ 　　 $)$.
　A. $\ln x$ 　　　B. $1 - \ln x$ 　　　C. $1 + \ln x$ 　　　D. $\dfrac{1}{x}$

3. 设 $f(x)$ 二阶可导，$y = f(2x)$，则 $y'' = ($ 　　 $)$.
　A. $f''(2x)$ 　　　B. $2f''(2x)$ 　　　C. $4f''(2x)$ 　　　D. $8f''(2x)$

4. 设函数 $y = \tan x$，则 $y'' = $ ＿＿＿＿＿＿＿＿＿.

5. 设函数 $y = e^{2x}$，则 $y^{(n)} = $ ＿＿＿＿＿＿＿＿＿.

6. 设函数 $y = \lim\limits_{n\to\infty}\ln\left[1 + \dfrac{1}{n(x+2)}\right]^n$，则 $y'' = $ ＿＿＿＿＿＿＿＿＿.

7. 验证：函数 $y = c_1 e^{\lambda x} + c_2 e^{-\lambda x}$（$\lambda$、$c_1$、$c_2$ 是常数）满足关系式 $y'' - \lambda^2 y = 0$.

8. 设函数 $f(x)$ 二阶可导，$y = \sin f(x)$，求 y''.

9. 设函数 $y = x^2 f\left(\sin\dfrac{1}{x}\right)$，其中 $f(x)$ 二阶可导，求 y''.

10. 函数 $y = \sin^4 x - \cos^4 x$，求 $y^{(n)}$.

11. 设 $y = \ln \dfrac{a+bx}{a-bx}$ (a，b 为常数)，求 $y^{(n)}$.

12. 求下列函数的 n 阶导数.

(1) $y = \dfrac{1}{x^2 - 3x + 2}$

(2) $y = \dfrac{x}{1 - 2x}$

§2.4 隐函数的导数、由参数方程所确定的函数的导数、相关变化率

1. 设函数 $xy = e^{x+y}$，则 $y' = ($　　$)$.

A. $\dfrac{e^{x+y}}{x - e^{x+y}}$ B. $\dfrac{e^{x+y} - y}{x - e^{x+y}}$ C. $\dfrac{-y}{x - e^{x+y}}$ D. $\dfrac{e^{x+y} - y}{x}$

2. 设函数 $y = 1 - xe^y$，则 $y' = ($　　$)$.

A. $-e^y - xe^y$ B. $\dfrac{e^y}{1 + xe^y}$ C. $\dfrac{-e^y}{1 + xe^y}$ D. $\dfrac{-e^y}{1 - xe^y}$

3. 设函数 $y = y(x)$ 是由方程 $xy + \ln y = 1$ 确定的隐函数，则 $y' = ($　　$)$.

A. $-\dfrac{1 + y^2}{xy}$ B. $\dfrac{-y^2}{xy + 1}$ C. $\dfrac{y^2}{xy + 1}$ D. $\dfrac{-y^2}{xy - 1}$

4. 若 $y = \dfrac{2^x}{x} + e^{f^2(\cos x)}$，其中 f 可导，则 $\dfrac{dy}{dx} = $ _____.

5. 设 $f(u)$ 为可导函数，且 $y = f(e^x) \cdot 2^{f(x)}$，则 $\dfrac{dy}{dx} = $ _____.

6. 设函数 $y = f(x)$ 是由方程 $x - y + \dfrac{1}{2}\cos y = 0$ 确定的隐函数，则 $\dfrac{dy}{dx} = $ _____.

7. 求由方程 $\sin(xy) - \ln\dfrac{x+1}{y} = 1$ 所确定的隐函数的导数 $\dfrac{dy}{dx}$.

8. 设函数 $y = y(x)$ 是由方程 $xe^{x+y} - \sin y^2 = \ln 2$ 确定的隐函数，求 $\dfrac{dy}{dx}$.

9. 求由方程 $f(x^2 + y^2) = y$（其中 $f(u)$ 可导）所确定的隐函数的导数 $\dfrac{dy}{dx}$.

10. 设函数 $y=y(x)$ 由方程 $y=x^2+xe^y$ 确定,求 y'' 以及 $y''|_{x=0}$.

11. 设函数 $y=y(x)$ 由参数方程 $\begin{cases} x^x+tx-t^2=0, \\ y=t^2+1 \end{cases}$ 所确定,求 $\dfrac{dy}{dx}$.

12. 设 $\begin{cases} x=1+t^2, \\ y=t-\arctan t, \end{cases}$ 求 $\dfrac{dy}{dx}$、$\dfrac{d^2y}{dx^2}\Big|_{t=1}$.

§2.5 函数的微分

1. 若 $f'(x_0) = \dfrac{1}{2}$，则当 $\Delta x \to 0$ 时，函数 $y = f(x)$ 在点 $x = x_0$ 处的微分 $\mathrm{d}y$ 是（　　）.

A. 与 Δx 等价的无穷小　　　　B. 与 Δx 同阶的无穷小
C. 比 Δx 低阶的无穷小　　　　D. 比 Δx 高阶的无穷小

2. 若 $f(x)$ 为可微函数，当 $\Delta x \to 0$ 时，则在点 x 处的 $\Delta y - \mathrm{d}y$ 是关于 Δx 的（　　）.

A. 高阶无穷小　　B. 等价无穷小　　C. 低阶无穷小　　D. 不可比较

3. 设函数 $f(x)$ 在 $[a, b]$ 上可微，$x_0 \in [a, b]$ 点的函数微分的几何意义是（　　）.

A. x_0 点的自变量的增量　　　　B. x_0 点的函数值的增量
C. x_0 点上割线值与函数值的差的极限　　D. 以上都不对

4. 在"充分""必要"和"充分必要"三者中选一个正确的填入下列空格内：

$f(x)$ 在点 x_0 可导是 $f(x)$ 在点 x_0 连续的_____条件；

$f(x)$ 在点 x_0 的左、右导数存在是 $f(x)$ 在点 x_0 可导的_____条件；

$f(x)$ 在点 x_0 可导是 $f(x)$ 在点 x_0 可微的_____条件.

5. 设 $y = [\ln(1-x^2)]^3$，则 $\mathrm{d}y = $ _____.

6. 设 $y = \ln(\sin\sqrt{x})$，则 $\mathrm{d}y = $ _____.

7. 求下列函数的微分.

(1) $y = \mathrm{e}^{-x}\cos(3-x)$　　　　(2) $y = \tan^2(1+2x^2)$

8. 已知 $y = x\arcsin x - \dfrac{\ln x}{x} + \cos\dfrac{\pi}{4}$，求 $\mathrm{d}y$.

9. 求下列函数的微分.

(1) $x + \sqrt{xy+y} = 4$ (2) $y = \tan(x+y)$

10. 设 $y = y(x)$ 由方程 $xy^2 + e^y = \cos(x+y^2)$ 所确定,求 dy.

11. 利用微分计算当 x 由 $45°$ 变为 $45°10'$ 时,函数 $y = \cos x$ 的增量的近似值.

12. 计算下列三角函数值的近似值.

(1) $\cos 29°$ (2) $\tan 136°$

第 3 章　微分中值定理及导数的应用

1. 基本要求

(1) 掌握罗尔定理、拉格朗日中值定理，理解柯西中值定理；
(2) 掌握洛必达法则；
(3) 理解函数的极值概念，掌握用导数判别函数单调性和求函数极值的方法，会用单调性证明不等式；
(4) 会求最大值、最小值问题，会解决简单的实际应用问题；
(5) 会用导数判别函数图形的凹凸性，会求拐点.

2. 重点内容

(1) 罗尔定理、拉格朗日中值定理；(2) 洛必达法则；(3) 函数单调性及函数图形的凹凸性判别、函数极值、最值计算；(4) 用导数解决应用问题.

3. 难点内容

(1) 微分中值定理相关证明；(2) 函数图形描绘.

§3.1　微分中值定理

1. 罗尔定理

若函数 $f(x)$ 满足：(1) 在闭区间 $[a,b]$ 上连续；(2) 在开区间 (a,b) 内可导；(3) $f(a)=f(b)$，则至少存在一点 $\xi \in (a,b)$，使得 $f'(\xi)=0$.

2. 拉格朗日中值定理

若函数 $f(x)$ 满足：(1) 在闭区间 $[a,b]$ 上连续；(2) 在开区间 (a,b) 内可导，则至少存在一点 $\xi \in (a,b)$，使得 $f'(\xi)=\dfrac{f(b)-f(a)}{b-a}$ 或 $f(b)-f(a)=f'(\xi)(b-a)$.

推论 1　如果函数 $f(x)$ 在开区间 I 内的导数 $f'(x)$ 恒等于 0，则 $f(x)$ 在 I 内是一个常数.

推论 2　如果函数 $f(x)$ 与 $g(x)$ 在开区间 I 内每一点的导数 $f'(x)$ 与 $g'(x)$ 都相等，则这两个函数在此开区间内至多相差一个常数.

3. 柯西中值定理

设函数 $f(x)$ 与 $g(x)$ 满足：(1) 在闭区间 $[a,b]$ 上连续；(2) 在开区间 (a,b) 内

可导,且在 (a,b) 内 $g'(x) \neq 0$,则至少存在一点 $\xi \in (a,b)$,使得 $\dfrac{f(b)-f(a)}{g(b)-g(a)} = \dfrac{f'(\xi)}{g'(\xi)}$.

§3.2 未定式的定值法——洛必达法则

设函数 $f(x)$ 与 $g(x)$ 在点 x_0 的某一去心邻域 $\mathring{U}(x_0)$ 内有定义,且满足条件: (1) $\lim\limits_{x \to x_0} f(x) = 0$, $\lim\limits_{x \to x_0} g(x) = 0$; (2) $f'(x)$、$g'(x)$ 均存在,且 $g'(x) \neq 0$; (3) $\lim\limits_{x \to x_0} \dfrac{f'(x)}{g'(x)} = A$(或 ∞),则必有 $\lim\limits_{x \to x_0} \dfrac{f(x)}{g(x)} = A$(或 ∞).

注 1 若洛必达法则中条件(1)改为 $\lim\limits_{x \to x_0} f(x) = \infty$,$\lim\limits_{x \to x_0} g(x) = \infty$,条件(2)、(3)不变,则也有相同的结论成立.

注 2 如果 x 以其他方式变化(如 $x \to \infty$、$x \to x_0^-$、$x \to x_0^+$、$x \to -\infty$、$x \to +\infty$),极限为 $\dfrac{0}{0}$ 型或 $\dfrac{\infty}{\infty}$ 型未定式,则也有类似的结论成立.

注 3 洛必达法则的 3 个条件是结论成立的充分条件,而非必要条件. 简单来说,如果 $\lim\limits_{x \to x_0} \dfrac{f'(x)}{g'(x)} = A$(或 ∞),则 $\lim\limits_{x \to x_0} \dfrac{f(x)}{g(x)} = A$(或 ∞);但如果 $\lim\limits_{x \to x_0} \dfrac{f'(x)}{g'(x)}$ 不存在(也不趋于 ∞),则不能断定 $\lim\limits_{x \to x_0} \dfrac{f(x)}{g(x)}$ 也不存在. 此时需用其他方法求未定式的极限.

注 4 洛必达法则只能用来求解 $\dfrac{0}{0}$ 型和 $\dfrac{\infty}{\infty}$ 型未定式的极限. 其他未定式,如 $0 \cdot \infty$、$\infty - \infty$、1^∞、0^0、∞^0 等型的极限,则不能直接使用洛必达法则求解,必须经过适当的变换,将它们转化为 $\dfrac{0}{0}$ 型或 $\dfrac{\infty}{\infty}$ 型未定式后才能运用洛必达法则求解.

§3.3 泰勒公式

1. 泰勒中值定理

如果函数 $f(x)$ 在含有 x_0 的某个开区间 (a,b) 内具有 $n+1$ 阶导数,则当 $x \in (a,b)$ 时,$f(x)$ 可以表示为 $x-x_0$ 的一个 n 次多项式与一个余项 $R_n(x)$ 之和,即

$$f(x) = f(x_0) + \frac{f'(x_0)}{1!}(x-x_0) + \frac{f''(x_0)}{2!}(x-x_0)^2 + \cdots + \frac{f^{(n)}(x_0)}{n!}(x-x_0)^n + R_n(x),$$

式中,拉格朗日型余项 $R_n(x) = \dfrac{f^{(n+1)}(\xi)}{(n+1)!}(x-x_0)^{n+1}$($\xi$ 介于 x_0 与 x 之间)也可表示为 $R_n(x) = \dfrac{f^{(n+1)}(\theta x)}{(n+1)!}x^{n+1}$ ($0 < \theta < 1$),皮亚诺型余项 $R_n(x) = o((x-x_0)^n)$.

2. n 阶麦克劳林公式

$$f(x) = f(0) + \frac{f'(0)}{1!}x + \frac{f''(0)}{2!}x^2 + \cdots + \frac{f^{(n)}(0)}{n!}x^n + R_n(x);$$

$$f(x) = f(0) + \frac{f'(0)}{1!}x + \frac{f''(0)}{2!}x^2 + \cdots + \frac{f^{(n)}(0)}{n!}x^n + o(x^n).$$

3. 常见的泰勒公式

$$e^x = 1 + x + \frac{1}{2!}x^2 + \cdots + \frac{1}{n!}x^n + \frac{e^{\theta x}}{(n+1)!}x^{n+1} \quad (0 < \theta < 1);$$

$$\sin x = x - \frac{1}{3!}x^3 + \frac{1}{5!}x^5 + \cdots + (-1)^{m-1}\frac{1}{(2m-1)!}x^{2m-1} + R_{2m}(x);$$

$$\ln(1+x) = x - \frac{1}{2}x^2 + \frac{1}{3}x^3 - \cdots + (-1)^{n-1}\frac{1}{n}x^n + R_n(x).$$

§3.4 函数的单调性及曲线的凹凸性

1. 判断函数 $y = f(x)$ 的单调性的一般步骤

（1）确定函数 $y = f(x)$ 的定义域；
（2）在定义域内求 $f'(x)$，同时求出 $f'(x) = 0$ 的点和 $f'(x)$ 不存在的点；
（3）用第（2）步得到的临界点将 $f(x)$ 的定义域分割为若干个部分区间，判断在各个部分区间内导数 $f'(x)$ 的符号，从而得到函数在各区间内的单调性（可列表）.

2. 曲线的凹凸性

设 $y = f(x)$ 在区间 I 上连续，如果对 I 上任意两点 x_1、x_2，恒有 $f\left(\dfrac{x_1 + x_2}{2}\right) < \dfrac{f(x_1) + f(x_2)}{2}$，那么称 $y = f(x)$ 在区间 I 上的图形是（向上）凹的（或凹弧）；如果恒有 $f\left(\dfrac{x_1 + x_2}{2}\right) > \dfrac{f(x_1) + f(x_2)}{2}$，那么称 $y = f(x)$ 在区间 I 上的图形是（向上）凸的（或凸弧）.

定理 1 设函数 $f(x)$ 在闭区间 $[a, b]$ 上连续，在开区间 (a, b) 内可导，如果 $f'(x)$ 单调增加（减少），则曲线 $y = f(x)$ 在 $[a, b]$ 上是凹（凸）的.

定理 2 设函数 $f(x)$ 在闭区间 $[a, b]$ 上连续，在开区间 (a, b) 内具有二阶导数，如果恒有 $f''(x) > 0 (< 0)$，则曲线 $y = f(x)$ 在 $[a, b]$ 上是凹（凸）的.

注：连续曲线 $y = f(x)$ 上凹弧与凸弧的分界点称为曲线的拐点，拐点处必有 $f''(x) = 0$ 或 $f''(x)$ 不存在.

3. 确定曲线 $y=f(x)$ 的凹凸区间和拐点的一般步骤

(1) 确定函数 $y=f(x)$ 的定义域；
(2) 求 $f'(x)$、$f''(x)$；
(3) 在定义域内求出 $f''(x)=0$ 或 $f''(x)$ 不存在的点；
(4) 判断在上述点左、右两侧附近 $f''(x)$ 的符号，确定曲线的凹凸区间和拐点（可列表）．

§3.5 函数的极值和最值

1. 函数的极值

设函数 $f(x)$ 在点 x_0 的某邻域内，恒有 $f(x)<f(x_0)$（或 $f(x)>f(x_0)$），则称 $f(x_0)$ 为函数 $f(x)$ 的极大值（或极小值），点 x_0 称为函数 $f(x)$ 的极大值点（或极小值点）．

2. 可导函数在一点取到极值的必要条件

如果函数 $f(x)$ 在点 x_0 处可导，且在 x_0 处取得极值，则必有 $f'(x_0)=0$，此时 x_0 称为函数 $f(x)$ 的驻点．

3. 函数在一点取到极值的第一充分条件

设函数 $f(x)$ 在点 x_0 的某邻域 $U(x_0,\delta)$ 内连续，且在去心邻域 $\mathring{U}(x_0,\delta)$ 内可导，则
(1) 若当 $x\in(x_0-\delta,x_0)$ 时，$f'(x)>0$，而当 $x\in(x_0,x_0+\delta)$ 时，$f'(x)<0$，则函数 $f(x)$ 在点 x_0 处取得极大值 $f(x_0)$；
(2) 若当 $x\in(x_0-\delta,x_0)$ 时，$f'(x)<0$，而当 $x\in(x_0,x_0+\delta)$ 时，$f'(x)>0$，则函数 $f(x)$ 在点 x_0 处取得极小值 $f(x_0)$；
(3) 若当 $x\in(x_0-\delta,x_0)$ 或 $x\in(x_0,x_0+\delta)$ 时，$f'(x)$ 不变号，则函数 $f(x)$ 在点 x_0 处不取极值．

4. 求函数 $f(x)$ 极值的一般步骤

(1) 求函数 $f(x)$ 的定义域；
(2) 在定义域内求导数 $f'(x)$，并求出 $f'(x)=0$ 的点（驻点）和 $f'(x)$ 不存在的点；
(3) 列表讨论在 $f(x)$ 的每个驻点和不可导点的左右邻近 $f'(x)$ 的符号，从而确定该点是否是极值点，如果是极值点，是极大值点还是极小值点；
(4) 求出函数在相应极值点处的函数值，即得所求的极值．

5. 函数在一点取到极值的第二充分条件

设 $f(x)$ 在点 x_0 处具有一阶和二阶导数，且 $f'(x_0)=0$，$f''(x_0)\neq 0$，那么当 $f''(x_0)<0(<0)$ 时，函数 $f(x)$ 在点 x_0 处取得极大（小）值 $f(x_0)$．

6. 最值问题

求连续函数 $f(x)$ 在闭区间 $[a,b]$ 上最值的步骤：

(1) 求出 $f(x)$ 在开区间 (a,b) 内的所有驻点和导数不存在的点；

(2) 求出上述诸点及端点处的函数值；

(3) 对上述函数值进行比较，其中最大者即为连续函数 $f(x)$ 在闭区间 $[a,b]$ 上的最大值，最小者即为连续函数 $f(x)$ 在闭区间 $[a,b]$ 上的最小值。

7. 实际问题中极值的讨论方法

(1) 如果函数 $f(x)$ 在一个区间(有限或无限,开或闭)内可导且只有一个驻点 x_0，并且这个驻点 x_0 是 $f(x)$ 的极值点，那么当 $f(x_0)$ 是极大(小)值时，$f(x_0)$ 就是 $f(x)$ 在该区间上的最大(小)值。

(2) 根据问题的性质就可以断定可导函数 $f(x)$ 确有最大值或最小值，且一定在所讨论的区间内部取得，这时如果 $f(x)$ 在讨论区间内部只有唯一驻点 x_0，则可以立即断定 $f(x_0)$ 就是所求的最大值或最小值。

§3.6 函数图形的描绘

1. 曲线的渐近线

如果曲线上的一点沿曲线无限远离坐标原点时，该点与某直线的距离无限趋于 0，则称此直线为该曲线的一条渐近线。

水平渐近线：$\lim\limits_{x\to-\infty}f(x)=b$ 或 $\lim\limits_{x\to+\infty}f(x)=b$，则 $y=b$ 为曲线 $y=f(x)$ 的水平渐近线。

铅直渐近线：$\lim\limits_{x\to a^-}f(x)=-\infty$ 或 $\lim\limits_{x\to a^-}f(x)=+\infty$ 或 $\lim\limits_{x\to a^+}f(x)=-\infty$ 或 $\lim\limits_{x\to a^+}f(x)=+\infty$，则 $x=a$ 为曲线 $y=f(x)$ 的铅直渐近线。

斜渐近线：如果 $\lim\limits_{x\to-\infty}[f(x)-(ax+b)]=0$ 或 $\lim\limits_{x\to+\infty}[f(x)-(ax+b)]=0$，则 $y=ax+b\ (a\neq 0)$ 为曲线 $y=f(x)$ 的斜渐近线，其中 $a=\lim\limits_{x\to\pm\infty}\dfrac{f(x)}{x}$，$b=\lim\limits_{x\to\pm\infty}[f(x)-ax]$。

2. 函数图形的描绘的一般步骤

(1) 确定函数 $y=f(x)$ 的定义域、连续区间和间断点，考察函数的奇偶性(即研究函数图形的对称性)及周期性；

(2) 在定义域内求出 $f'(x)=0$ 的点和 $f'(x)$ 不存在的点，且求出这些点处的函数值，得曲线上相应点的坐标；

(3) 在定义域内求出 $f''(x)=0$ 的点和 $f''(x)$ 不存在的点，且求出这些点处的函数值，得曲线上相应点的坐标；

(4) 把上面求出的所有点(包括函数的间断点)从小到大排列，将函数的定义域分成若干个子区间，通过列表讨论在这些子区间内 $f'(x)$ 和 $f''(x)$ 的符号，从而确定函数在每个子区间内的单调性与凹凸性，同时确定函数的极值点及曲线的拐点；

(5) 确定函数的渐近线(水平、铅直与斜渐近线);

(6) 由函数方程计算曲线上的一些相关点坐标,特别是曲线与坐标轴的交点坐标;

(7) 将上述点在直角坐标平面中标示出来,并画出渐近线,再根据各个子区间内函数的单调性与凹凸性用一条连续曲线依次连接这些点,即得函数 $y=f(x)$ 的图形.

本章习题

§3.1 微分中值定理

1. 对于函数 $f(x)=x^{\frac{2}{3}}\sqrt{1-x^2}$，区间 $[-1,1]$、$[-2,2]$、$[0,1]$、$[-1,2]$、$[1,2]$ 中，满足罗尔定理条件的区间共有( )．

A. 1 个   B. 2 个   C. 3 个   D. 4 个

2. 若 $f(-x)=f(x)(-\infty<x<+\infty)$，在 $(-\infty,0)$ 内 $f'(x)>0$ 且 $f''(x)<0$，则在 $(0,+\infty)$ 内，有( )．

A. $f'(x)>0, f''(x)<0$ B. $f'(x)>0, f''(x)>0$

C. $f'(x)<0, f''(x)<0$ D. $f'(x)<0, f''(x)>0$

3. 若 $3a^2-5b<0$，则方程 $x^5+2ax^3+3bx+4c=0$ ( )．

A. 无实根   B. 有唯一实根．

C. 有 3 个不同实根   D. 有 5 个不同实根

4. 设函数 $f(x)$ 是 $[0,+\infty)$ 上连续函数，$f(0)=0$，$f'(0)<0$ 且 $f''(x)\geqslant a>0$，则 $f(x)$ 在 $(0,+\infty)$ 的零点个数是_____．

5. 设函数 $f(x)=\begin{cases}\dfrac{3-x^2}{2}, & 0\leqslant x\leqslant 1,\\ \dfrac{1}{x}, & 1<x\leqslant 2,\end{cases}$ 则函数 $f(x)$ 在 $[0,2]$ 上满足拉格朗日中值定理的 ξ 为_____．

6. 设 $f(x)=ax^2+bx+c$，则在 (x_1,x_2) 内存在 ξ，使 $f(x_2)-f(x_1)=f'(\xi)(x_2-x_1)$ 成立，此时 ξ 必定等于_____．

7. 设 $f(x)$ 在 $[0,1]$ 上连续，在 $(0,1)$ 内可导，且 $f(0)=0, f(1)=1$．证明：(1) 存在 $\xi\in(0,1)$，使得 $f(\xi)=1-\xi$；(2) 存在 2 个不同的 $\eta, \zeta\in(0,1)$，使得 $f'(\eta)f'(\zeta)=1$．

8. 设 $f(x)$ 在 $[0,c]$ 上连续，$f'(x)$ 在 $(0,c)$ 内存在且单调减少，$f(0)=0$. 试应用拉格朗日中值定理证明：$f(a+b) \leqslant f(a)+f(b)$，其中 $0 \leqslant a \leqslant b \leqslant a+b \leqslant c$.

9. 设函数 $f(x)$ 在 $[0,a]$ 上可导，且 $1 < f(x) < e^a$，在 $(0,a)$ 内 $f'(x) < 0$. 证明：在 $(0,a)$ 内有且仅有一个 x 使得 $f(x)=e^x$.

10. 设 $f(x)$ 在 $\left[0,\dfrac{\pi}{2}\right]$ 上连续，在 $\left(0,\dfrac{\pi}{2}\right)$ 内可导，且 $f\left(\dfrac{\pi}{2}\right)=0$. 证明：存在一点 $\xi \in \left(0,\dfrac{\pi}{2}\right)$，使得 $f(\xi)+\tan(\xi)f'(\xi)=0$.

11. 设 $f(x)$ 和 $g(x)$ 在 $[a,b]$ 存在二阶导数，$g''(x) \neq 0$，$f(a)=f(b)=g(a)=g(b)=0$. 试证明：(1) 在 (a,b) 内 $g(x) \neq 0$；(2) 在 (a,b) 内存在一点 ξ，使得 $\dfrac{f(\xi)}{g(\xi)}=\dfrac{f''(\xi)}{g''(\xi)}$.

12. 设 $f(x)$ 在 $[0,1]$ 上连续，在 $(0,1)$ 内可导. 证明：存在 $\xi \in (0,1)$，使得 $f'(\xi)=2\xi[f(1)-f(0)]$.

§3.2 未定式的定值法——洛必达法则

1. 设 $x \to 0$ 时，$e^{\tan x} - e^x$ 与 x^n 是同阶无穷小，则 $n = ($ $)$.
A. 1　　　　　B. 2　　　　　C. 3　　　　　D. 4

2. $\lim\limits_{x \to 0} \dfrac{a\tan x + b(1-\cos x)}{c\ln(1-2x) + d(1-e^{-x^2})} = 2$，$a^2 + c^2 \neq 0$，则（ ）.
A. $b = 4d$　　B. $b = -4d$　　C. $a = 4c$　　D. $a = -4c$

3. 极限 $\lim\limits_{x \to \pi} \dfrac{\sin mx}{\sin nx} = ($ $)$.
A. $\dfrac{m}{n}$　　B. $\dfrac{n}{m}$　　C. $-\dfrac{m}{n}$　　D. 以上都不对

4. 设 $f(x)$ 具有一阶连续导数，且 $f(0) = 0$，$f'(0) = 2$，则 $\lim\limits_{x \to 0} \dfrac{f(1-\cos x)}{\tan x^2} = $ _____.

5. 极限 $\lim\limits_{x \to 0} \dfrac{e^{-\frac{1}{x^2}}}{x^{100}} = $ _____.

6. 设 $f(x)$ 在点 a 的某邻域内具有二阶连续导数，则 $\lim\limits_{h \to 0} \dfrac{f(a+h) + f(a-h) - 2f(a)}{h^2} = $ _____.

7. 极限 $\lim\limits_{x \to 0} \left(\dfrac{1}{\sin x} - \dfrac{1}{e^x - 1} \right) = $ _____.

8. 验证极限 $\lim\limits_{x \to 0} \dfrac{x^2 \cos \dfrac{1}{x}}{\sin x}$ 存在，但不能用洛必达法则得出.

9. 证明：$\lim\limits_{x \to +\infty} \dfrac{x^n}{e^{\lambda x}} = 0$，其中 $\lambda > 0$，$n \in \mathbf{R}^+$.

10. 设 $f(x)$ 具有连续一阶导数,已知 $f(1)=0$, $f'(1)=2$, 求 $\lim\limits_{x\to 0}\dfrac{f(\sin^2 x+\cos x)}{x\tan x}$.

11. 求 $\lim\limits_{x\to 0}\left(\dfrac{e^x+e^{2x}+\cdots+e^{nx}}{n}\right)^{\frac{1}{x}}$.

12. 设 $f(x)$ 具有二阶导数,且在点 $x=0$ 的某去心邻域内 $f(x)\neq 0$, 又已知 $f''(0)=4$, $\lim\limits_{x\to 0}\dfrac{f(x)}{x}=0$, 求 $\lim\limits_{x\to 0}\left[1+\dfrac{f(x)}{x}\right]^{\frac{1}{x}}$.

§3.3 泰勒公式

1. $\lim\limits_{x\to 0}\dfrac{\dfrac{x^2}{2}+1-\sqrt{1+x^2}}{(\cos x-e^{x^2})\sin x^2}=($).

   A. $-\dfrac{1}{12}$ B. $\dfrac{1}{12}$ C. $\dfrac{1}{3}$ D. $-\dfrac{1}{3}$

2. 极限 $\lim\limits_{x\to+\infty}\left[x-x^2\ln\left(1+\dfrac{1}{x}\right)\right]$ 是( ).

   A. $\dfrac{1}{2}$ B. $\dfrac{1}{12}$ C. $\dfrac{1}{4}$ D. $-\dfrac{1}{2}$

3. 用四阶麦克劳林公式求得 $\sqrt{e}$ 的近似值是( ).

   A. 1.648 447 7 B. 1.748 437 5 C. 1.648 437 5 D. 1.658 437 7

4. 函数 $f(x)=xe^x$ 在 $x=1$ 处的带拉格朗日余项的二阶泰勒公式是_____.

5. 当 $(a,b,c)=$_____时，有 $10^x=a+bx+cx^2+o(x^2)(x\to 0)$.

6. 当 $(a,n)=$_____时，使得当 $x\to 0$ 时，有 $a(x)=e^{-x^2}-\cos\sqrt{2}x\sim ax^n$.

7. $\lim\limits_{x\to 0}\dfrac{e^{\frac{x^2}{2}}-\sqrt{1+x^2}}{x^4}$ 的值为_____.

8. 设 $f(x)$ 在 $[a,b]$ 上有 n 阶导数，且 $f(b)=f(a)=f'(a)=\cdots=f^{(n-1)}(a)=0$. 试证明：至少有一点 $\xi\in[a,b]$，使得 $f^{(n)}(\xi)=0$.

9. 设 $f(x)$ 在 $x=0$ 的邻域内有 n 阶导数，$f(0)=f'(0)=\cdots=f^{(n-1)}(0)=0$ 且 $f^{(n)}(0)>0$. 试证明：存在 $\delta>0$，使得在 $(0,\delta)$ 内 $f(x)>0$.

10. 设 $f(x)$ 在 $[a,b]$ 上有二阶导数,且 $f''(x)<0$ $(a<x<b)$. 试证明:对任意的 $x_0 \in (a,b)$ 及 $x \in [a,b]$,有 $f(x) < f(x_0) + f'(x_0)(x-x_0)$ $(x \neq x_0)$.

11. 设 $f(x)$ 在区间 I 上有二阶导数,且 $f''(x)>0$;又设 $x_1, x_2, \cdots, x_n$ 是 I 中的任意 n 个不同的点,$x_0 = \dfrac{1}{n}(x_1+x_2+\cdots+x_n)$. 试证明:$\dfrac{1}{n}[f(x_1)+f(x_2)+\cdots+f(x_n)] > f(x_0)$.

12. 设 $f(x)$ 在 $[0,1]$ 上有二阶导数,且 $f(0)=f(1)=0$,$|f''(x)| \leqslant M$. 求证:$|f'(x)| \leqslant \dfrac{1}{2}M$,其中 $x \in [0,1]$.

§3.4 函数的单调性及曲线的凹凸性

1. 设函数 $f(x)$ 在 $[0,1]$ 上有二阶导数，且对 $x\in[0,1]$ 有 $f''(x)>0$，则下列正确的是（　　）．

   A. $f'(1)>f'(0)>f(1)-f(0)$　　　B. $f'(1)>f(1)-f(0)>f'(0)$

   C. $f(1)-f(0)>f'(1)>f'(0)$　　　D. $f'(1)>f(0)-f(1)>f'(0)$

2. 设函数 $f(x)$、$g(x)$ 在 $(-\infty,+\infty)$ 上都可导，且 $f(x)<g(x)$，则必有（　　）．

   A. $f(-x)>g(-x)$　　　B. $f'(x)<g'(x)$

   C. 对任意 x_0，有 $\lim\limits_{x\to x_0}f(x)<\lim\limits_{x\to x_0}g(x)$　　D. $g(x)-f(x)$ 单调递增

3. 设 $f(x)$、$g(x)$ 是恒大于 0 的可导函数，且 $f'(x)g(x)-f(x)g'(x)<0$，则当 $a<x<b$ 时，有（　　）．

   A. $f(x)g(b)>f(b)g(x)$　　　B. $f(x)g(a)>f(a)g(x)$

   C. $f(x)g(x)>f(b)g(b)$　　　D. $f(x)g(x)>f(a)g(a)$

4. 函数 $f(x)=2x^3-12x^2+7x+10$ 在区间内 ＿＿＿＿＿＿ 为凹函数，其拐点为 ＿＿＿＿＿＿．

5. 函数 $f(x)=3x-x^2$ 的单调区间是 ＿＿＿＿＿＿．

6. 方程 $\cos x=x$ 在 $(-\infty,+\infty)$ 内有 ＿＿＿ 个实根．

7. 求曲线 $f(x)=x+\dfrac{1}{x}$ 的凸区间．

8. 当 $0<x<\dfrac{\pi}{2}$ 时，证明：$\cos x<1-\dfrac{x^2}{2}+\dfrac{x^3}{6}$．

9. 当 $0<x<\dfrac{\pi}{2}$ 时，证明：$\tan x>x+\dfrac{x^3}{3}$．

10. 试证明：方程 $e^x = x+1$ 只有一个实根.

11. 设常数 $k>0$，试证明：方程 $4x^6 + x^2 - k = 0$ 恰有两个实根.

12. 设 $f(x)$ 于 $(-\infty, 0]$ 上连续，且当 $x<0$ 时，$f'(x)>1$. 试证明：若 $f(0)>0$，则方程 $f(x)=0$ 在 $(-f(0), 0)$ 内有且仅有一个实根.

§3.5 函数的极值和最值

1. 设 $f(x)$ 有二阶连续导数，且 $f'(-1)=0$，$\lim\limits_{x\to -1}\dfrac{f''(x)}{|x|}=-2$，则（　　）．

　A. $f(-1)$ 是 $f(x)$ 的极大值

　B. $f(-1)$ 是 $f(x)$ 的极小值

　C. $(-1,f(-1))$ 是曲线 $y=f(x)$ 的拐点

　D. $f(-1)$ 不是 $f(x)$ 的极值，$(-1,f(-1))$ 也不是曲线 $y=f(x)$ 的拐点

2. 设三阶可导函数 $f(x)$ 满足关系式 $f''(x)+[f'(x)]^2=x$，且 $f'(0)=0$，则（　　）．

　A. $f(0)$ 是 $f(x)$ 的极大值

　B. $f(0)$ 是 $f(x)$ 的极小值

　C. 点 $(0,f(0))$ 是曲线 $y=f(x)$ 的拐点

　D. $f(0)$ 不是 $f(x)$ 的极值，点 $(0,f(0))$ 也不是曲线 $y=f(x)$ 的拐点

3. 设函数 $y=f(x)$ 在 x_0 的某邻域内有三阶连续导数，且 $f'(x_0)=f''(x_0)=0$，$f'''(x_0)<0$，则（　　）．

　A. x_0 是 $f'(x)$ 的极值点，而 $(x_0,f(x_0))$ 不是拐点

　B. x_0 不是 $f'(x)$ 的极值点，且 $(x_0,f(x_0))$ 是拐点

　C. x_0 是 $f'(x)$ 的极大值点，且 $(x_0,f(x_0))$ 是拐点

　D. x_0 是 $f'(x)$ 的极小值点，而 $(x_0,f(x_0))$ 不是拐点

4. 已知函数 $y=ax^2+2x+c$ 在点 $x=1$ 处取得极大值 2，则 $(a,c)=$ _____．

5. 函数 $f(x)=(x^2+3x-3)\mathrm{e}^{-x}$ 在 $[-4,+\infty)$ 内的最小值为 _____，最大值为 _____．

6. 设函数 $y=y(x)$ 由方程 $2y^3-2y^2+2xy-x^2=1$ 所确定，则 $y=y(x)$ 的驻点为 _____．

7. 函数 $y=x^2-\dfrac{54}{x}(x<0)$ 的最小值是 _____．

8. 设函数 $y=f(x)$ 在 x_0 的某邻域内有连续的三阶导数，如果 $f'(x_0)=f''(x_0)=0$，$f'''(x_0)<0$，试证明：$f(x)$ 在 x_0 处没有极值.

9. 令函数 $f(x)=\begin{cases} e^{-\frac{1}{|x|}}\left(2+\sin\dfrac{1}{x}\right), & x\neq 0, \\ 0, & x=0, \end{cases}$ 证明：$f(x)$ 在 $x=0$ 处连续，并且只有一个极值点 $x=0$.

10. 求证：当 $x<1$ 时，$e^x \leqslant \dfrac{1}{1-x}$.

11. 一页纸上排印文字所占面积为 $s(\text{cm}^2)$，上、下边空白处要留 a cm，左、右空白处要留 b cm，试问以多少尺寸进行排印才能最节省纸张？

12. 由 $y=0$，$x=8$，$y=x^2$ 围成的曲边三角形 OAB，在曲边 OB 上（即曲线 $y=x^2$）上求一点 P，使得曲线在点 P 处的切线与 OA、AB 所围成的直角三角形的面积最大.

§3.6 函数图形的描绘

1. 曲线 $y = \dfrac{\ln x}{x}$ 的渐近线是（　　）．

　A. $y=0$ 及 $x=0$　　　　　　　　B. $y=0$ 而无铅直渐近线

　C. $x=0$ 而无水平渐近线　　　　D. $y=1$ 及 $x=0$

2. 曲线 $y = x\mathrm{e}^{x^{\frac{1}{2}}}$（　　）．

　A. 仅有水平渐近线　　　　　　　B. 仅有铅直渐近线

　C. 既有铅直渐近线又有水平渐近线　　D. 既有铅直渐近线又有斜渐近线

3. 设函数 $y = f(x)$ 在区间 (a,b) 内有二阶导数，则当（　　）成立时，点 $(c, f(c))\,(a < c < b)$ 是曲线 $y = f(x)$ 的拐点．

　A. $f''(c) = 0$

　B. $f''(x)$ 在 (a, b) 内单调增加

　C. $f''(c) = 0$，$f''(x)$ 在 (a, b) 内单调增加

　D. $f''(x)$ 在 (a, b) 内单调减少

4. 曲线 $y = x + \mathrm{e}^{-x}$ 的斜渐近线方程为＿＿＿＿＿＿．

5. 曲线 $y = \mathrm{e}^{x^{\frac{1}{2}}} \arctan \dfrac{x^2 + x + 1}{(x-1)(x+2)}$ 有＿＿＿＿＿＿条渐近线．

6. 曲线 $y = (x-1)^2 (x-3)^2$ 有＿＿＿＿＿＿个拐点．

7. 曲线 $y = x \sin \dfrac{1}{x}\,(x > 0)$ 的渐近线方程为＿＿＿＿＿＿．

8. 求曲线 $y = \dfrac{(x-1)^3}{x^2}$ 的拐点．

9. 求曲线 $y = x \ln\left(\mathrm{e} + \dfrac{1}{x}\right)(x > 0)$ 的渐近线方程．

10. 已知函数 $y=\ln(1+x^2)$，试求其单调区间、极值点、极值、函数图形的拐点.

11. 已知函数 $y=\dfrac{x}{1+x^2}$，试求其单调区间、极值点、极值、函数图形的拐点，并描绘函数草图.

12. 描绘函数 $y=\dfrac{2x-1}{(x-1)^2}$ 的草图.

第4章 不定积分

1. 基本要求

(1) 理解原函数概念,理解不定积分的概念与性质;
(2) 掌握不定积分的基本公式;
(3) 掌握求不定积分的换元法与分部积分法;
(4) 了解有理函数的积分、三角有理函数和无理函数的积分方法.

2. 重点内容

(1) 不定积分概念与性质;(2) 不定积分计算方法.

3. 难点内容

(1) 不定积分第一类换元法;(2) 不定积分三角函数换元法.

§4.1 不定积分的概念与性质

1. 原函数与不定积分的概念

设函数 $f(x)$ 在某区间 I 上有定义,如果存在函数 $F(x)$,使得对 I 上的每一点 x 都有 $F'(x)=f(x)$ 或 $\mathrm{d}F(x)=f(x)\mathrm{d}x$,就称 $F(x)$ 为 $f(x)$ 在 I 上的一个原函数.

函数 $f(x)$ 在区间 I 上的全体原函数称为 $f(x)$ 在该区间 I 上的不定积分,记为

$$\int f(x)\mathrm{d}x.$$

式中:符号 $\int$ 称为积分号;$f(x)$ 称为被积函数;$f(x)\mathrm{d}x$ 称为被积表达式;x 称为积分变量.

2. 性质

(1) $\left(\int f(x)\mathrm{d}x\right)'=f(x)$ 或 $\mathrm{d}\left(\int f(x)\mathrm{d}x\right)=f(x)\mathrm{d}x$.

(2) 设 $F(x)$ 是 $F'(x)$ 的一个原函数,则

$$\int F'(x)\mathrm{d}x=F(x)+C \text{ 或 } \int \mathrm{d}F(x)=F(x)+C.$$

(3) 设 $f(x)$ 在区间 I 上存在原函数,则

$$\int kf(x)\mathrm{d}x = k\int f(x)\mathrm{d}x \ (k \neq 0, k \text{ 为常数}).$$

(4) 设 $f(x), g(x)$ 在区间 I 上存在原函数,则

$$\int [f(x) \pm g(x)]\mathrm{d}x = \int f(x)\mathrm{d}x \pm \int g(x)\mathrm{d}x.$$

§4.2 换元积分法

1. 第一类换元法

设 $f(u)$ 具有原函数 $F(u), u = \varphi(x)$ 可导,则有 $\int f[\varphi(x)]\varphi'(x)\mathrm{d}x = F[\varphi(x)] + C$.

2. 第二类换元法

设 $x = \psi(t)$ 单调可微,且 $\psi'(t) \neq 0$,若 $\int f[\psi(t)]\psi'(t)\mathrm{d}t = F(t) + C$,则 $\int f(x)\mathrm{d}x = F[\psi^{-1}(x)] + C$,其中 $t = \psi^{-1}(x)$ 是 $x = \psi(t)$ 的反函数.

§4.3 分部积分法

1. 分部积分法

设 $u = u(x), v = v(x)$ 都具有连续导数,则 $\int uv'\mathrm{d}x = uv - \int u'v\mathrm{d}x$ 或 $\int u\mathrm{d}v = uv - \int v\mathrm{d}u$.

2. 计算小贴士

在使用分部积分法 $\int uv'\mathrm{d}x = uv - \int u'v\mathrm{d}x$ 时,通常按照以下优先级的顺序选择函数作为 v:指数函数、三角函数、幂函数、对数函数、反三角函数.

§4.4 有理函数的积分

1. 有理函数的不定积分

有理函数的一般形式为

$$R(x) = \frac{P(x)}{Q(x)} = \frac{a_0 x^n + a_1 x^{n-1} + \cdots + a_{n-1}x + a_n}{b_0 x^m + a_1 x^{m-1} + \cdots + b_{m-1}x + b_m},$$

式中:m、n 为非负整数;$a_0, a_1, \cdots, a_n$;$b_0, b_1, \cdots, b_m$ 为实常数,且 $a_0 \neq 0, b_0 \neq 0$. 在有理分式中,当 $n < m$ 时,称为真分式;当 $n \geqslant m$ 时,称为假分式.

利用多项式除法,可以把任意一个假分式转化为一个多项式与一些最简真分式之和,再分别对多项式和最简真分式求不定积分.

2. 三角有理函数的积分

由 $\sin x$、$\cos x$ 和常数经过有限次四则运算构成的函数称为三角有理函数,记为 $R(\sin x, \cos x)$. 如果作变换 $t = \tan\dfrac{x}{2}$,即 $x = 2\arctan t$,从而有

$$\sin x = \frac{2t}{1+t^2},\ \cos x = \frac{1-t^2}{1+t^2},\ \mathrm{d}x = \frac{2}{1+t^2}\mathrm{d}t.$$

于是,

$$\int R(\sin x, \cos x)\mathrm{d}x = \int R\left(\frac{2t}{1+t^2}, \frac{1-t^2}{1+t^2}\right) \cdot \frac{2}{1+t^2}\mathrm{d}t.$$

§4.1 不定积分的概念与性质

1. 已知函数 $f(x)=\begin{cases} 1+\sin x, & x<0, \\ \cos x, & x\geqslant 0, \end{cases}$ 则 $\int f(x)\mathrm{d}x=(\quad)$.

A. $\begin{cases} x-\cos x+C_1, & x<0, \\ \sin x+C_2, & x\geqslant 0 \end{cases}$
B. $\begin{cases} x+\cos x+C_1, & x<0, \\ \sin x+C_2, & x\geqslant 0 \end{cases}$

C. $\begin{cases} x-\cos x+C_1, & x<0, \\ -\sin x+C_2, & x\geqslant 0 \end{cases}$
D. $\begin{cases} x-\cos x+1+C, & x<0, \\ \sin x+C, & x\geqslant 0 \end{cases}$

2. 设 $f(x),g(x)$ 为可导函数,且 $\int f(x^2)\mathrm{d}x=g(x^2)x+C$,则下列结论正确的是 ( ).

A. $f(x)=2g(x)x$
B. $f(x)=2g'(x)x+g(x)$
C. $f(x)=g'(x)x+g(x)$
D. $f(x)=2g'(x)+g(x)$

3. 若 $f'(\sin^2 x)=\cos^2 x$,则 $f(x)=(\quad)$.

A. $\sin x-\dfrac{1}{2}\sin^2 x+C$
B. $x-\dfrac{1}{2}x^2+C$

C. $\dfrac{1}{2}x^2-x+C$
D. $\cos x-\sin x+C$

4. 若 $\int f(x)\mathrm{d}x=F(x)+C$,且 $x=at+b$,则 $\int f(t)\mathrm{d}t=$ _____.

5. 已知 $f'\left(\dfrac{1}{x}\right)=x^2$,则 $f(x)=$ _____.

6. 设 $f(x)$ 定义在 $(-\infty,+\infty)$ 上,且满足

$$f'(\ln x)=\begin{cases} 1, & x\in(0,1], \\ x, & x\in(1,+\infty), \end{cases}$$

$f(0)=1$,则 $f(x)=$ _____.

7. 求不定积分 $\int 2^x \mathrm{e}^x \mathrm{d}x$.

8. 求不定积分 $\displaystyle\int \frac{2}{x^2(x^2+1)}\mathrm{d}x$.

9. 求不定积分 $\displaystyle\int \frac{\cos 2x}{\sin x - \cos x}\mathrm{d}x$.

10. 求不定积分 $\displaystyle\int \left(2\sqrt{x} + 3\mathrm{e}^x + \frac{1}{\sqrt{x}} - \frac{2}{\sqrt{1-x^2}}\right)\mathrm{d}x$.

11. 求不定积分 $\displaystyle\int \frac{1}{\sin^2 x \cos^2 x}\mathrm{d}x$.

12. 设右半平面内一曲线通过点 $(e, 2)$，且在任一点处的斜率等于该点横坐标的倒数，求该曲线的方程.

§4.2 换元积分法

1. 设 $F(x)$ 是 $f(x)$ 的一个原函数，则下列命题正确的是(　　).

A. $\int \dfrac{1}{x} f(\ln 2x) \mathrm{d}x = \dfrac{1}{2} F(\ln 2x) + C$

B. $\int \dfrac{1}{x} f(\ln 2x) \mathrm{d}x = F(\ln 2x) + C$

C. $\int \dfrac{1}{x} f(\ln 2x) \mathrm{d}x = 2F(\ln 2x) + C$

D. $\int \dfrac{1}{x} f(\ln 2x) \mathrm{d}x = \dfrac{1}{x} F(\ln 2x) + C$

2. 设 $\int f(x) \mathrm{d}x = F(x) + C$，则 $\int \sin x f(\cos x) \mathrm{d}x = ($　　$)$.

A. $F(\sin x) + C$ 　　　　　　B. $-F(\sin x) + C$

C. $-F(\cos x) + C$ 　　　　　D. $F(\cos x) + C$

3. 在不定积分中，如果被积函数含有 $\sqrt{a^2 + x^2}$（$a > 0$ 常数）时，可采用换元 $x =$ (　　).

A. $\sec t$，t 在第一、三象限 　　B. $\sin t$，t 在第一、四象限

C. $\tan t$，t 在第一、四象限 　　D. $\cot t$，t 在第一、二象限

4. 不定积分 $\int \sin 2x \cos 3x \, \mathrm{d}x = $ _____ .

5. 不定积分 $\int \dfrac{10^{\arccos x}}{\sqrt{1-x^2}} \mathrm{d}x = $ _____ .

6. 不定积分 $\int \dfrac{\sqrt{9-x^2}}{x} \mathrm{d}x = $ _____ .

7. 求不定积分 $\int \sec^4 x \, \mathrm{d}x$.

8. 求不定积分 $\int \dfrac{5x-2}{x^2+4} \mathrm{d}x$.

9. 求不定积分 $\int \dfrac{x^2+1}{x^4-x^2+1}\,dx$.

10. 求不定积分 $\int \sqrt{e^x+1}\,dx$.

11. 求不定积分 $\int \dfrac{dx}{x\sqrt{4x^2+2x-1}}$,其中 $x>0$.

12. 设 $f'(2+\cos x)=\tan^2 x+\sin^2 x$,求 $f(x)$.

§4.3 分部积分法

1. 不定积分 $\int x\tan^2 x\,dx = (\quad)$.

A. $-\dfrac{1}{2}x^2 - x\tan x - \ln|\cos x| + C$

B. $\dfrac{1}{2}x^2 + x\tan x - \ln|\cos x| + C$

C. $-\dfrac{1}{2}x^2 + x\tan x - \ln|\cos x| + C$

D. $-\dfrac{1}{2}x^2 + x\tan x + \ln|\cos x| + C$

2. 不定积分 $\int x^2\ln x\,dx = (\quad)$.

A. $-\dfrac{1}{3}x^3\ln x - \dfrac{1}{9}x^3 + C$ \qquad B. $\dfrac{1}{3}x^3\ln x + \dfrac{1}{9}x^3 + C$

C. $-\dfrac{1}{3}x^3\ln x + \dfrac{1}{9}x^3 + C$ \qquad D. $\dfrac{1}{3}x^3\ln x - \dfrac{1}{9}x^3 + C$

3. 不定积分 $\int x^2 e^{-x}\,dx = (\quad)$.

A. $-x^2 e^{-x} - 2x e^{-x} - 2e^{-x} + C$ \qquad B. $-x^2 e^{-x} + 2x e^{-x} - 2e^{-x} + C$

C. $-x^2 e^{-x} - 2x e^{-x} + 2e^{-x} + C$ \qquad D. $-x^2 e^{-x} + 2x e^{-x} + 2e^{-x} + C$

4. 已知 $f(x)$ 的一个原函数是 e^{-x^2}，则 $\int x f'(x)\,dx = \underline{\qquad}$.

5. 设 $n \neq -1$，不定积分 $\int x^n \ln x\,dx = \underline{\qquad}$.

6. 不定积分 $\int \arctan\sqrt{x}\,dx = \underline{\qquad}$.

7. 求不定积分 $\int \dfrac{x}{\sin^2 x}\,dx$.

8. 求不定积分 $\int \sec^3 x\,dx$.

9. 求不定积分 $\int e^{\sqrt[3]{x}} dx$.

10. 求不定积分 $\int \dfrac{\ln(e^x - 1)}{e^x} dx$.

11. 设 $f(x)$ 的一个原函数是 e^{x^2}，求 $\int x f''(x) dx$.

12. 求出 $I_n = \int (\arcsin x)^n dx$ 的递推公式，其中正整数 $n \geq 2$.

§4.4 有理函数的积分

1. 若将函数 $\dfrac{1}{(x+1)^2(x^2+1)}$ 化为最简分式之和,则 $\dfrac{1}{(x+1)^2(x^2+1)} = ($ $)$.

A. $\dfrac{1}{2} \cdot \dfrac{1}{x+1} + \dfrac{1}{2} \cdot \dfrac{1}{(x+1)^2} - \dfrac{1}{2} \cdot \dfrac{x}{x^2+1}$

B. $\dfrac{1}{2} \cdot \dfrac{1}{x+1} - \dfrac{1}{2} \cdot \dfrac{1}{(x+1)^2} - \dfrac{1}{2} \cdot \dfrac{x}{x^2+1}$

C. $\dfrac{1}{2} \cdot \dfrac{1}{x+1} + \dfrac{1}{2} \cdot \dfrac{1}{(x+1)^2} + \dfrac{1}{2} \cdot \dfrac{x}{x^2+1}$

D. $\dfrac{1}{2} \cdot \dfrac{1}{x+1} - \dfrac{1}{2} \cdot \dfrac{1}{(x+1)^2} + \dfrac{1}{2} \cdot \dfrac{x}{x^2+1}$

2. 不定积分 $\displaystyle\int \dfrac{1}{x(x^{10}+1)} \mathrm{d}x = ($ $)$.

A. $\ln|x| - \dfrac{1}{10}\ln(x^{10}+1) + C$

B. $\ln|x| + \dfrac{1}{10}\ln(x^{10}+1) + C$

C. $-\ln|x| - \dfrac{1}{10}\ln(x^{10}+1) + C$

D. $-\ln|x| + \dfrac{1}{10}\ln(x^{10}+1) + C$

3. 不定积分 $\displaystyle\int \dfrac{1+\tan x}{\sin 2x} \mathrm{d}x = ($ $)$.

A. $\dfrac{1}{2}\ln|\tan x| - \dfrac{1}{2}\tan x + C$

B. $-\dfrac{1}{2}\ln|\tan x| + \dfrac{1}{2}\tan x + C$

C. $\dfrac{1}{2}\ln|\tan x| + \dfrac{1}{2}\tan x + C$

D. $-\dfrac{1}{2}\ln|\tan x| - \dfrac{1}{2}\tan x + C$

4. 不定积分 $\displaystyle\int \dfrac{x^3}{x+3} \mathrm{d}x = $ _____.

5. 不定积分 $\displaystyle\int \dfrac{1}{x(x^2+1)} \mathrm{d}x = $ _____.

6. 不定积分 $\displaystyle\int \dfrac{1}{3+\cos x} \mathrm{d}x = $ _____.

7. 求不定积分 $\displaystyle\int \dfrac{1}{x^4-1} \mathrm{d}x$.

8. 求不定积分 $\int \dfrac{x^2+1}{(x+1)^2(x-1)}\mathrm{d}x$.

9. 求不定积分 $\int \dfrac{1}{2\sin x - \cos x + 5}\mathrm{d}x$.

10. 求不定积分 $\int \dfrac{1}{\sqrt[3]{x-1}+1}\mathrm{d}x$.

11. 求不定积分 $\int \dfrac{\sin x}{1+\sin x+\cos x}\mathrm{d}x$.

12. 求不定积分 $\int \dfrac{1}{x}\sqrt{\dfrac{x+2}{x-2}}\mathrm{d}x$.

第5章 定积分及其应用

1. 基本要求

(1) 理解定积分的基本概念和几何意义,了解定积分的性质和定积分中值定理;
(2) 理解变上限积分及其求导公式,熟练掌握 Newton-Leibnitz 公式;
(3) 掌握定积分的换元积分法和分部积分法;
(4) 理解两类广义积分的概念,会计算两类广义积分;
(5) 会用定积分计算一些几何量(平面图形的面积、平面曲线的弧长、旋转体的体积、已知平行截面面积的立体体积和旋转曲面的面积);
(6) 会用定积分计算一些物理量、经济量.

2. 重点内容

(1) 定积分定义与性质;(2) Newton-Leibnitz 公式;(3) 定积分计算方法;(4) 广义积分及其计算;(5) 定积分一些几何量的计算.

3. 难点内容

(1) 定积分定义;(2) 变上限积分及其求导公式;(3) 广义积分;(4) 物理应用(自学).

§5.1 定积分的概念与性质

1. 定积分的定义

设函数 $f(x)$ 在 $[a,b]$ 上有界. 函数 $f(x)$ 在 $[a,b]$ 上的定积分(简称积分),记作 $\int_a^b f(x)\mathrm{d}x$,即 $\int_a^b f(x)\mathrm{d}x = \lim\limits_{\lambda \to 0} \sum\limits_{i=1}^n f(\xi_i)\Delta x_i = I$,其中 $f(x)$ 称为被积函数,x 称为积分变量,$f(x)\mathrm{d}x$ 称为被积表达式,$[a,b]$ 称为积分区间,a 和 b 分别称为积分下限和上限,$\lambda = \max\limits_{1 \leqslant i \leqslant n}\{\Delta x_i\}$.

2. 定积分的几何意义

区间 $[a,b]$ 上的定积分 $\int_a^b f(x)\mathrm{d}x$ 是由曲线 $y=f(x)$、直线 $x=a$、$x=b$ 和 x 轴所围图形面积的代数和.

3. 可积的条件

(1) 若 $f(x)$ 在 $[a,b]$ 上连续,则 $f(x)$ 在 $[a,b]$ 上可积.

(2) 若 $f(x)$ 在 $[a,b]$ 上有界,且只有有限个间断点,则 $f(x)$ 在 $[a,b]$ 上可积.

4. 定积分的性质

(1) $\int_a^b kf(x)\mathrm{d}x = k\int_a^b f(x)\mathrm{d}x$ (k 为常数),特别地,$\int_a^b 1\mathrm{d}x = \int_a^b \mathrm{d}x = b-a$.

(2) 定积分的代数和性质:$\int_a^b [f(x) \pm g(x)]\mathrm{d}x = \int_a^b f(x)\mathrm{d}x \pm \int_a^b g(x)\mathrm{d}x$.

(3) 积分区间的可加性:对任意的 c,$\int_a^b f(x)\mathrm{d}x = \int_a^c f(x)\mathrm{d}x + \int_c^b f(x)\mathrm{d}x$.

(4) 定积分的保号性:设 $f(x)$ 在区间 $[a,b]$ 上非负,则 $\int_a^b f(x)\mathrm{d}x \geqslant 0$.

① 在区间 $[a,b]$ 上,若 $f(x) \leqslant g(x)$,则 $\int_a^b f(x)\mathrm{d}x \leqslant \int_a^b g(x)\mathrm{d}x$.

② 设 $a < b$,则 $\left|\int_a^b f(x)\mathrm{d}x\right| \leqslant \int_a^b |f(x)|\mathrm{d}x$.

(5) 定积分估值定理: 设 $f(x)$ 在区间 $[a,b]$ 上满足 $m \leqslant f(x) \leqslant M$,则

$$m(b-a) \leqslant \int_a^b f(x)\mathrm{d}x \leqslant M(b-a).$$

(6) 积分中值定理:若 $f(x) \in C[a,b]$,则在 $[a,b]$ 上至少存在一点 ξ,使得

$$\int_a^b f(x)\mathrm{d}x = f(\xi)(b-a)(a \leqslant \xi \leqslant b).$$

§5.2 微积分学基本定理

1. 积分上限函数及其导数

设 $f(x) \in C[a,b]$,x 为 $[a,b]$ 上任一点,称

$$\Phi(x) = \int_a^x f(t)\mathrm{d}t$$

为积分上限函数或变上限定积分.

2. 微积分学基本定理

如果函数 $f(x) \in C[a,b]$,则积分上限函数 $\Phi(x) = \int_a^x f(t)\mathrm{d}t$ 在 $[a,b]$ 上可导,且

$$\Phi'(x) = \frac{\mathrm{d}}{\mathrm{d}x}\int_a^x f(t)\mathrm{d}t = f(x) \ (a \leqslant x \leqslant b).$$

进而有

$$\frac{\mathrm{d}}{\mathrm{d}x}\int_a^{\varphi(x)} f(t)\mathrm{d}t = f[\varphi(x)]\varphi'(x),$$

$$\frac{\mathrm{d}}{\mathrm{d}x}\int_{\psi(x)}^{\varphi(x)} f(t)\mathrm{d}t = f[\varphi(x)]\varphi'(x) - f[\psi(x)]\psi'(x).$$

3. 微积分学基本公式

如果 $f(x) \in C[a,b]$，$F(x)$ 是 $f(x)$ 在 $[a,b]$ 上的任意一个原函数，则

$$\int_a^b f(x)\mathrm{d}x = F(b) - F(a).$$

§5.3 定积分的计算

1. 定积分的换元积分法

设函数 $f(x) \in C[a,b]$，函数 $x = \varphi(t)$ 满足：
(1) $\varphi(\alpha) = a$，$\varphi(\beta) = b$；
(2) $\varphi'(t) \in C[\alpha,\beta](\alpha < \beta)$（或 $[\beta,\alpha](\beta < \alpha)$），且 $a \leqslant \varphi(t) \leqslant b$，则

$$\int_a^b f(x)\mathrm{d}x = \int_\alpha^\beta f[\varphi(t)]\varphi'(t)\mathrm{d}t.$$

2. 定积分的分部积分法

设 $u = u(x), v = v(x)$，若 u 和 v 在 $[a,b]$ 上均有连续导函数，则

$$\int_a^b uv'\mathrm{d}x = uv\,\big|_a^b - \int_a^b u'v\mathrm{d}x.$$

3. 简化定积分计算的常用方法

(1) 利用函数的奇偶性计算定积分：设 $f(x) \in C[-a,a]$.

① 如果 $f(x)$ 为偶函数，则 $\int_{-a}^a f(x)\mathrm{d}x = 2\int_0^a f(x)\mathrm{d}x$；

② 如果 $f(x)$ 为奇函数，则 $\int_{-a}^a f(x)\mathrm{d}x = 0$.

(2) 利用函数的周期性计算定积分：设 $f(x)$ 是周期为 T 的连续函数，则

① $\int_a^{a+T} f(x)\mathrm{d}x = \int_0^T f(x)\mathrm{d}x$（$a$ 为任意常数）；

② $\int_a^{a+nT} f(x)\mathrm{d}x = \int_0^{nT} f(x)\mathrm{d}x = n\int_0^T f(x)\mathrm{d}x.$

(3) 有关 $\sin x$ 和 $\cos x$ 在 $\left[0, \dfrac{\pi}{2}\right]$ 上的定积分：

$$I_n = \int_0^{\frac{\pi}{2}} \cos^n x \, dx = \int_0^{\frac{\pi}{2}} \sin^n x \, dx = \begin{cases} \dfrac{n-1}{n} \cdot \dfrac{n-3}{n-2} \cdot \cdots \cdot \dfrac{1}{2} \cdot \dfrac{\pi}{2}, & n \text{ 为正偶数,} \\ \dfrac{n-1}{n} \cdot \dfrac{n-3}{n-2} \cdot \cdots \cdot \dfrac{2}{3}, & n \text{ 为大于 1 的正奇数.} \end{cases}$$

§5.4 广义积分

1. 无穷限的广义积分

设 $f(x)$ 在 $[a, +\infty)$ 上连续,$b > a$,如果极限 $\lim\limits_{b \to +\infty} \int_a^b f(x) \, dx$ 存在,则称此极限为函数 $f(x)$ 在 $[a, +\infty)$ 上的广义积分,记为 $\int_a^{+\infty} f(x) \, dx$,即

$$\int_a^{+\infty} f(x) \, dx = \lim_{b \to +\infty} \int_a^b f(x) \, dx.$$

这时也称广义积分 $\int_a^{+\infty} f(x) \, dx$ 收敛. 如果上述极限不存在,则函数 $f(x)$ 在 $[a, +\infty)$ 上的广义积分没有意义,此时也称 $\int_a^{+\infty} f(x) \, dx$ 发散.

2. 性质

设 $\int_a^{+\infty} f(x) \, dx$ 和 $\int_a^{+\infty} g(x) \, dx$ 都收敛,则

(1) $\int_a^{+\infty} f(x) \, dx = \int_a^c f(x) \, dx + \int_c^{+\infty} f(x) \, dx$ (c 是 $[a, +\infty)$ 中的常数);

(2) $\int_a^{+\infty} k f(x) \, dx = k \int_a^{+\infty} f(x) \, dx$ (k 为常数);

(3) $\int_a^{+\infty} [f(x) \pm g(x)] \, dx = \int_a^{+\infty} f(x) \, dx \pm \int_a^{+\infty} g(x) \, dx.$

3. 无界函数的广义积分

设 $f(x)$ 在 $[a, b)$ 上连续,$\lim\limits_{x \to b^-} f(x) = \infty$ ($x = b$ 又称为 $f(x)$ 的瑕点). 取 $\varepsilon > 0$ ($0 < \varepsilon < b - a$),如果极限 $\lim\limits_{\varepsilon \to 0^+} \int_a^{b-\varepsilon} f(x) \, dx$ 存在,则称此极限为函数 $f(x)$ 在区间 $[a, b]$ 上的广义积分,仍记为 $\int_a^b f(x) \, dx$,即有 $\int_a^b f(x) \, dx = \lim\limits_{\varepsilon \to 0^+} \int_a^{b-\varepsilon} f(x) \, dx.$ 此时也称广义积分 $\int_a^b f(x) \, dx$ 收敛. 如果上述极限不存在,则 $\int_a^b f(x) \, dx$ 无意义,此时也称 $\int_a^b f(x) \, dx$ 发散.

§5.5—5.6 微元法与定积分的几何应用

定积分的几何应用:

类 型	直角坐标方程 $y=f(x), x\in[a,b]$	参数方程情形 $\begin{cases}x=\varphi(t)\\y=\psi(t)\end{cases}, t\in[t_1,t_2]$	极坐标方程 $r=r(\theta), \theta\in[\alpha,\beta]$
平面图形的面积 A	$A=\int_a^b |f(x)|\,\mathrm{d}x$	$A=\int_{t_1}^{t_2}|\psi(t)|\varphi'(t)\,\mathrm{d}t$	$A=\dfrac{1}{2}\int_\alpha^\beta r^2(\theta)\,\mathrm{d}\theta$
(1) 旋转体的体积 (2) 已知平面截面面积函数 $A(x)$ 的体积 V	$V_x=\pi\int_a^b f^2(x)\,\mathrm{d}x$ $V_y=2\pi\int_a^b x|f(x)|\,\mathrm{d}x$ $V=\int_a^b A(x)\,\mathrm{d}x$	$V_x=\pi\int_{t_1}^{t_2}\psi^2(t)\varphi'(t)\,\mathrm{d}t$	$V_{\text{极}}=\dfrac{2\pi}{3}\int_\alpha^\beta r^3(\theta)\sin\theta\,\mathrm{d}\theta$
平面曲线的弧长 l	$l=\int_a^b\sqrt{1+f'^2(x)}\,\mathrm{d}x$	$l=\int_{t_1}^{t_2}\sqrt{\varphi'^2(t)+\psi'^2(t)}\,\mathrm{d}t$	$l=\int_\alpha^\beta\sqrt{r^2(\theta)+r'^2(\theta)}\,\mathrm{d}\theta$
旋转体的侧面积 $S_x(S_{\text{极}})$	$S_x=2\pi\int_a^b|f(x)|\sqrt{1+f'^2(x)}\,\mathrm{d}x$	$S_x=2\pi\int_{t_1}^{t_2}|\psi(t)|\sqrt{\varphi'^2(t)+\psi'^2(t)}\,\mathrm{d}t$	$S_{\text{极}}=2\pi\int_\alpha^\beta|r(\theta)\sin\theta|\sqrt{r^2(\theta)+r'^2(\theta)}\,\mathrm{d}\theta$

注：对称性的使用在定积分的几何应用中非常重要.

本章习题

§5.1 定积分的概念与性质

1. $\int_a^a f(x)\mathrm{d}x =$ ( ).

   A. 0   B. 1   C. -1 D. 2

2. 函数在闭区间上连续是定积分存在的( ).

   A. 必要条件   B. 充分条件   C. 充要条件   D. 无关条件

3. 设 $\int_a^b f(x)\mathrm{d}x = 0$,且 $f(x)$ 在 $[a,b]$ 上连续,则( ).

   A. $f(x) \equiv 0$ B. 必存在 x 使得 $f(x)=0$

   C. 存在唯一的一点 x 使得 $f(x)=0$ D. 不一定存在 x 使得 $f(x)=0$

4. $\int_a^b f(x)\mathrm{d}x = $ _____ $\int_b^a f(x)\mathrm{d}x$.

5. 比较大小:$\int_0^1 x\mathrm{d}x$ _____ $\int_0^1 x^2\mathrm{d}x$.

6. $\int_a^b f(x)\mathrm{d}x - \int_a^c f(x)\mathrm{d}x = $ _____ .

7. 利用定积分的定义,计算 $\int_1^2 x\mathrm{d}x$.

8. 从定积分的几何意义,说明等式 $\int_1^e \ln x\mathrm{d}x + \int_0^1 \mathrm{e}^x\mathrm{d}x = \mathrm{e}$ 成立.

9. 设 $\int_{-1}^{3} f(x)\mathrm{d}x = 4, \int_{-1}^{3} g(x)\mathrm{d}x = 3$，求 $\int_{-1}^{3} \frac{1}{5}[4f(x) + 3g(x)]\mathrm{d}x$.

10. 设 $f(x)$ 在 $[0, 1]$ 上连续，证明：$\int_0^1 f^2(x)\mathrm{d}x \geqslant \left[\int_0^1 f(x)\mathrm{d}x\right]^2$.

11. 将极限 $\lim\limits_{n \to \infty}\left(\dfrac{1}{n+1} + \dfrac{1}{n+2} + \cdots + \dfrac{1}{n+n}\right)$ 化为定积分的形式.

12. 设 $f(x)$ 在 $[0, 1]$ 上连续，且满足 $10\int_0^1 x^2 f(x)\mathrm{d}x \geqslant 5\int_0^1 f^2(x)\mathrm{d}x + 1$，求 $f(x)$.

§5.2 微积分学基本定理

1. $\dfrac{\mathrm{d}}{\mathrm{d}x}\left[\int_a^b f(t)\mathrm{d}t\right] = (\quad)$.

A. 1   B. 0   C. -1 D. 2

2. $\dfrac{\mathrm{d}}{\mathrm{d}x}\left[\int_{\phi(x)}^{\varphi(x)} f(t)\mathrm{d}t\right] = (\quad)$.

A. $f(\varphi(x))\varphi'(x) - f(\phi(x))\phi'(x)$ B. $f(\varphi(x))\varphi(x) - f(\phi(x))\phi'(x)$

C. $f(\varphi(x))\varphi'(x) - f(\phi(x))\phi(x)$ D. $f(\varphi(x))\varphi(x) - f(\phi(x))\phi(x)$

3. $\int_0^3 |1-x|\,\mathrm{d}x = (\quad)$.

A. $-\dfrac{5}{2}$ B. $\dfrac{1}{2}$ C. $\dfrac{5}{2}$ D. $-\dfrac{1}{2}$

4. $\dfrac{\mathrm{d}}{\mathrm{d}x}\int_0^{x^2} \sqrt{1+t^2}\,\mathrm{d}t = \underline{\qquad}$.

5. $\int_{-\pi}^{\pi} \sin kx\,\mathrm{d}x = \underline{\qquad}$.

6. $\lim\limits_{x\to 0} \dfrac{\int_0^x \cos t^2\,\mathrm{d}t}{x} = \underline{\qquad}$.

7. 计算极限 $\lim\limits_{x\to 0} \dfrac{\left(\int_0^x \mathrm{e}^{t^2}\,\mathrm{d}t\right)^2}{\int_0^x t\mathrm{e}^{2t^2}\,\mathrm{d}t}$.

8. 计算定积分 $\int_{-3}^{2} \min\{2, x^2\}\,\mathrm{d}x$.

9. 计算定积分 $\int_{-2}^{3} \mathrm{e}^{-|x|}\,\mathrm{d}x$.

10. 设 $f(x) = \int_0^x \left(\int_{\sin t}^1 \sqrt{1+u^4}\, du \right) dt$，求 $f''\left(\dfrac{\pi}{3}\right)$.

11. 设 $f(x) = \begin{cases} \dfrac{1}{2}\sin x, & 0 \leqslant x \leqslant \pi, \\ 0, & x < 0 \text{ 或 } x > \pi, \end{cases}$ 求 $\Phi(x) = \int_0^x f(t)\, dt$ 在 $(-\infty, +\infty)$ 内的表达式.

12. 设函数 $S(x) = \int_0^x \sin\dfrac{\pi t^2}{2}\, dt$, $x \in (-\infty, +\infty)$.

（1）证明：$S(x)$ 为奇函数． （2）求出 $S(x)$ 的极小值点．

§5.3 定积分的计算

1. 设 $f(x)$ 是连续的奇函数,则 $\int_0^x f(t)\mathrm{d}t$ 是（　　）.
   A. 奇函数　　　　B. 偶函数　　　　C. 非奇非偶函数　　D. 无法确定

2. 设 $f(x)$ 在区间 $[-a,a](a>0)$ 上连续,则 $\int_{-a}^a f(x)\mathrm{d}x=$（　　）.
   A. $\int_0^a [f(x)+f(-x)]\mathrm{d}x$　　　　B. $\int_0^a [f(x)-f(-x)]\mathrm{d}x$
   C. $2\int_0^a [f(x)+f(-x)]\mathrm{d}x$　　　D. $2\int_0^a [f(x)-f(-x)]\mathrm{d}x$

3. 设 $f(x)$ 是以 T 为周期的连续函数,则 $\int_a^{a+T} f(x)\mathrm{d}x=$（　　）.
   A. $\int_{-a}^T f(x)\mathrm{d}x$　　B. $\int_{-a}^a f(x)\mathrm{d}x$　　C. $\int_0^T f(x)\mathrm{d}x$　　D. $\int_a^T f(x)\mathrm{d}x$

4. 设 $f(x)$ 在区间 $[-a,a](a>0)$ 上连续,则 $\int_{-a}^a x^2[f(x)-f(-x)]\mathrm{d}x=$ _____.

5. 设 $\Phi(x)=\int_0^x \sin^3(t-x)\mathrm{d}t$,则 $\Phi'(x)=$ _____.

6. $\int_0^{\frac{\pi}{2}} \sin^n x\mathrm{d}x=$ _____.（n 为大于 1 的正整数）

7. 计算定积分 $\int_{-2}^0 x\sqrt{-2x-x^2}\mathrm{d}x$.

8. 计算定积分 $\int_{-\frac{\pi}{2}}^{\frac{\pi}{2}} \dfrac{\mathrm{e}^x \sin^4 x}{1+\mathrm{e}^x}\mathrm{d}x$.

9. 计算定积分 $\int_0^{\frac{\pi}{2}} \frac{\sin x}{\sin x + \cos x} \mathrm{d}x$.

10. 计算定积分 $\int_0^1 \frac{\ln(1+x)}{1+x^2} \mathrm{d}x$.

11. 设 $f(x) = \int_0^x \mathrm{e}^{t - \frac{t^2}{2}} \mathrm{d}t$,求 $\int_0^1 f(x) \mathrm{d}x$.

12. 设函数 $f(x), g(x)$ 满足
$$f(x) = \frac{16}{\pi} \sqrt{(1-x^2)^3} + 2\int_0^1 g(x) \mathrm{d}x, \quad g(x) = 6x^2 - 3\int_0^1 f(x) \mathrm{d}x,$$
求 $\int_0^1 f(x) \mathrm{d}x$, $\int_0^1 g(x) \mathrm{d}x$.

§5.4 广义积分

1. 下列广义积分收敛的是( ).

A. $\int_1^{+\infty} \dfrac{1}{\sqrt{x}} dx$ B. $\int_1^{+\infty} \dfrac{1}{x} dx$ C. $\int_1^2 \dfrac{1}{(x-1)^2} dx$ D. $\int_1^2 \dfrac{1}{\sqrt{x-1}} dx$

2. 下列广义积分发散的是( ).

A. $\int_0^1 \dfrac{1}{\sqrt{x}} dx$ B. $\int_0^1 \ln x \, dx$ C. $\int_2^{+\infty} \dfrac{1}{x \ln x} dx$ D. $\int_2^{+\infty} \dfrac{1}{x \ln^2 x} dx$

3. $\int_0^{+\infty} x e^{-x} dx = $ _____.

4. $\int_0^1 \dfrac{x}{\sqrt{1-x^2}} dx = $ _____.

5. 计算反常积分 $\int_0^1 \ln x \, dx$.

6. 计算反常积分 $I_n = \int_0^{+\infty} x^n e^{-x} dx$.

§5.5—5.6 微元法与定积分的几何应用

1. 曲线 $y = x^3 - 5x^2 + 6x$ 与 x 轴所围成的图形的面积为(　　).

A. $-\dfrac{37}{6}$　　　　B. $\dfrac{37}{6}$　　　　C. $-\dfrac{37}{12}$　　　　D. $\dfrac{37}{12}$

2. 设在区间 $[a, b]$ 上，$f(x) > 0$, $f'(x) > 0$, $f''(x) < 0$. 令 $A_1 = \int_a^b f(x)\,dx$, $A_2 = f(a)(b-a)$, $A_3 = \dfrac{1}{2}[f(a) + f(b)](b-a)$，则有(　　).

A. $A_1 < A_2 < A_3$　　　　　　B. $A_2 < A_1 < A_3$
C. $A_3 < A_1 < A_2$　　　　　　D. $A_2 < A_3 < A_1$

3. 曲线 $y = \dfrac{\sqrt{x}}{3}(3-x)$ 上相应于 $1 \leqslant x \leqslant 3$ 的一段弧的长度为(　　).

A. $2\sqrt{3} - \dfrac{4}{3}$　　B. $2\sqrt{3} + \dfrac{4}{3}$　　C. $-2\sqrt{3} - \dfrac{4}{3}$　　D. $-2\sqrt{3} + \dfrac{4}{3}$

4. 抛物线 $y = -x^2 + 4x - 3$ 及其在点 $(0, -3)$ 和 $(3, 0)$ 处的切线所围成的图形的面积为_____.

5. 曲线 $y = x^2$ 与 $x = y^2$ 所围成的图形绕 y 轴旋转所产生的旋转体的体积为_____.

6. 星形线 $x = a\cos^3 t$, $y = a\sin^3 t$ 的全长为_____.

7. 求由曲线 $\rho = a\sin\theta$ 及 $\rho = a(\cos\theta + \sin\theta)(a > 0)$ 所围图形公共部分的面积.

8. 求由曲线 $y = x^{\frac{3}{2}}$、直线 $x = 4$ 及 x 轴所围图形绕 y 轴旋转而成的旋转体的体积.

9. 设平面图形 D 由 $x^2+y^2\leqslant 2x$ 与 $y\geqslant x$ 确定,求 D 绕直线 $x=2$ 旋转一周所得的旋转体的体积.

10. 求由星形线 $x=a\cos^3 t$, $y=a\sin^3 t$ 绕 x 轴旋转一周所得的旋转体的表面积.

11. 求曲线 $y=\int_8^x \sqrt{\sin t}\,\mathrm{d}t$ 的全长.

12. 设 L 为曲线 $y=x^2$ 在点 (x_0,y_0) 处的法线,交 x 轴于点 $(3,0)$,求由法线 L、x 轴、曲线 $y=x^2$ 在第一象限所围平面区域绕 y 轴旋转一周所得旋转体的体积.

第6章 向量代数与空间解析几何

1. 基本要求

(1) 理解空间直角坐标系,理解向量的概念及其表示,熟练掌握向量的运算(线性运算、数量积、向量积、混合积),理解两个向量垂直、平行的条件,了解三个向量共面的条件;

(2) 掌握直线、平面、曲线、曲面的方程,了解一些常用的二次曲面的方程及图形;

(3) 会求以坐标轴为旋转轴的旋转曲面及母线平行于坐标轴的柱面方程;

(4) 了解空间曲线在坐标面上的投影,并会求其方程.

2. 重点内容

(1) 向量运算;(2) 平面方程、直线方程,常见二次曲面方程;(3) 投影曲线、投影柱面.

3. 难点内容

(1) 向量积、混合积;(2) 空间曲线、空间曲面.

§6.1 向量及其运算

1. 向量概念

既有大小,又有方向的量称为向量. 向量的大小称为向量的模,模为 1 的向量称为单位向量;模为 0 的向量称为零向量. 两个非零向量如果方向相同或相反,则称这两个向量平行. 平移 $k(k \geqslant 3)$ 个向量,使它们的起点相同,如果此时 k 个向量的终点与公共起点位于同一个平面,则称这 k 个向量共面.

2. 性质

(1) 交换律:$a+b=b+a$.

(2) 结合律:$(a+b)+c=a+(b+c)$.

(3) 数乘结合律:$\lambda(\mu a)=\mu(\lambda a)=(\lambda\mu)a$,$\lambda$、$\mu$ 为实数.

(4) 数乘分配律:$(\lambda+\mu)a=\lambda a+\mu a$,$\lambda(a+b)=\lambda a+\lambda b$.

(5) 设向量 a 非零,则 $\dfrac{a}{|a|}$ 是与 a 同方向的单位向量,记为 e_a,于是 $a=|a|e_a$.

(6) 设 $a \neq 0$,则向量 b 与 a 平行 $\Leftrightarrow$ 存在唯一实数 λ,使得 $b=\lambda a$.

3. 向量的模、方向角、投影

对于向量 $r=(x, y, z)$，向量的模 $|r|=\sqrt{x^2+y^2+z^2}$.

非零向量 $r=(x, y, z)$ 与三条坐标轴的夹角 α、β、γ 称为向量 r 的方向角.

方向余弦 $\cos\alpha=\dfrac{x}{|r|}$, $\cos\beta=\dfrac{y}{|r|}$, $\cos\gamma=\dfrac{z}{|r|}$.

设点 O 与单位向量 e 确定 u 轴. 任给一向量 r，作 $\boldsymbol{OM}=r$；过点 M 作与 u 轴垂直的平面交 u 轴于点 M'. 若 $\boldsymbol{OM'}=\lambda e$，则数 λ 称为向量 $\boldsymbol{OM}$ 在 u 轴上的投影，记为 $\mathrm{Prj}_u r$.

§6.2 向量的数量积、向量积、混合积

1. 两向量的数量积

给定向量 a、b，数量积定义为 $a \cdot b=|a||b|\cos\theta$.

性质　（1）$a \cdot a=|a|^2$.

（2）两个非零向量 a、b，$a \perp b \Leftrightarrow a \cdot b=0$.

（3）交换律：$a \cdot b=b \cdot a$.

（4）分配律：$(a+b) \cdot c=a \cdot c+b \cdot c$.

（5）数乘结合律：$(\lambda a) \cdot b=\lambda(a \cdot b)$，$(\lambda a) \cdot (\mu b)=\lambda\mu(a \cdot b)$，$\lambda$、$\mu$ 为实数.

（6）设向量 $a=(a_x, a_y, a_z)$，$b=(b_x, b_y, b_z)$. 设它们的夹角为 θ，则 $a \cdot b=a_x b_x + a_y b_y + a_z b_z$；$\cos\theta=\dfrac{a \cdot b}{|a||b|}=\dfrac{a_x b_x + a_y b_y + a_z b_z}{\sqrt{a_x^2+a_y^2+a_z^2}\sqrt{b_x^2+b_y^2+b_z^2}}$.

2. 两向量的向量积

非零向量 a、b，向量积 $a \times b$ 的大小为 $|a \times b|=|a||b|\sin\theta$，其中 $\theta=(a, b)$；$a \times b$ 的方向为垂直于 a、b 所在的平面，且 a、b、$a \times b$ 符合右手规则.

性质　（1）$a \times a=\mathbf{0}$.

（2）非零向量 a、b 平行 $\Leftrightarrow a \times b=\mathbf{0}$.

（3）反交换律：$a \times b=-b \times a$.

（4）分配律：$(a+b) \times c=a \times c+b \times c$.

（5）乘积结合律：$(\lambda a) \times b=\lambda(a \times b)$，$\lambda$ 是实数.

（6）乘积分配律：$(\lambda a) \times (\mu b)=\lambda\mu(a \times b)$，$\lambda$、$\mu$ 是实数.

（7）设向量 a、b 的坐标分别为 $a=(a_x, a_y, a_z)$，$b=(b_x, b_y, b_z)$，则

$$a \times b=\begin{vmatrix} i & j & k \\ a_x & a_y & a_z \\ b_x & b_y & b_z \end{vmatrix}=\begin{vmatrix} a_y & a_z \\ b_y & b_z \end{vmatrix}i-\begin{vmatrix} a_x & a_z \\ b_x & b_z \end{vmatrix}j+\begin{vmatrix} a_x & a_y \\ b_x & b_y \end{vmatrix}k.$$

3. 向量的混合积

已知三个向量 a、b、c，则其混合积 $[a\ b\ c]=(a \times b) \cdot c$.

性质 （1）设 $\boldsymbol{a}=(a_x, a_y, a_z), \boldsymbol{b}=(b_x, b_y, b_z), \boldsymbol{c}=(c_x, c_y, c_z)$，则

$$[\boldsymbol{a}\ \boldsymbol{b}\ \boldsymbol{c}]=(\boldsymbol{a}\times\boldsymbol{b})\cdot\boldsymbol{c}=\begin{vmatrix} a_x & a_y & a_z \\ b_x & b_y & b_z \\ c_x & c_y & c_z \end{vmatrix}.$$

（2）向量 $\boldsymbol{a}$、$\boldsymbol{b}$、$\boldsymbol{c}$ 共面 $\Leftrightarrow [\boldsymbol{a}\ \boldsymbol{b}\ \boldsymbol{c}]=0$.

§6.3 平面及其方程

1. 平面方程的表达式

平面的点法式方程：$A(x-x_0)+B(y-y_0)+C(z-z_0)=0$.

平面的截距式方程：$\dfrac{x}{a}+\dfrac{y}{b}+\dfrac{z}{c}=1$.

平面的一般式方程：$Ax+By+Cz+D=0$.

平面的夹角：设平面 π_1 与平面 π_2 的法向量分别为 $\boldsymbol{n}_1=(A_1, B_1, C_1), \boldsymbol{n}_2=(A_2, B_2, C_2)$，则平面 π_1 与平面 π_2 的夹角为 θ，则

$$\cos\theta=\dfrac{|A_1A_2+B_1B_2+C_1C_2|}{\sqrt{A_1^2+B_1^2+C_1^2}\cdot\sqrt{A_2^2+B_2^2+C_2^2}}.$$

点到平面的距离：设平面 π 的方程为 $Ax+By+Cz+D=0$，点 $P_0(x_0, y_0, z_0)$ 是平面 π 外一点，则 P_0 到 π 的距离为 $d=\dfrac{|Ax_0+By_0+Cz_0+D|}{\sqrt{A^2+B^2+C^2}}$.

2. 面与面的关系

设两个平面 $\pi_1: A_1x+B_1y+C_1z+D_1=0$，$\pi_2: A_2x+B_2y+C_2z+D_2=0$，则

(1) 平面 π_1 与平面 π_2 垂直 $\Leftrightarrow A_1A_2+B_1B_2+C_1C_2=0$；

(2) 平面 π_1 与平面 π_2 平行 $\Leftrightarrow \dfrac{A_1}{A_2}=\dfrac{B_1}{B_2}=\dfrac{C_1}{C_2}$；

(3) 平面 π_1 与平面 π_2 重合 $\Leftrightarrow \dfrac{A_1}{A_2}=\dfrac{B_1}{B_2}=\dfrac{C_1}{C_2}=\dfrac{D_1}{D_2}$.

§6.4 空间直线及其方程

1. 空间直线

空间直线的一般方程：$\begin{cases} A_1x+B_1y+C_1z+D_1=0, \\ A_2x+B_2y+C_2z+D_2=0. \end{cases}$

空间直线的对称式方程：$\dfrac{x-x_0}{m}=\dfrac{y-y_0}{n}=\dfrac{z-z_0}{p}$.

空间直线的参数方程：$\begin{cases} x = x_0 + mt, \\ y = y_0 + nt, \\ z = z_0 + pt, \end{cases} t \in \mathbf{R}.$

两直线的夹角：设直线 L_1 与直线 L_2 的夹角为 φ，其方向向量分别为 $\boldsymbol{s}_1 = (m_1, n_1, p_1), \boldsymbol{s}_2 = (m_2, n_2, p_2)$，则

$$\cos \varphi = \frac{|m_1 m_2 + n_1 n_2 + p_1 p_2|}{\sqrt{m_1^2 + n_1^2 + p_1^2} \cdot \sqrt{m_2^2 + n_2^2 + p_2^2}}.$$

直线与平面的夹角：设直线 L 的方向向量是 $\boldsymbol{s}_1 = (m_1, n_1, p_1)$，平面 π 的法向量是 $\boldsymbol{n} = (A, B, C)$，直线 L 与平面 π 的夹角为 φ，则

$$\sin \varphi = \frac{|Am + Bn + Cp|}{\sqrt{A^2 + B^2 + C^2} \cdot \sqrt{m^2 + n^2 + p^2}}.$$

2. 线与线的关系

设直线 L_1 与直线 L_2 的方向向量分别为 $\boldsymbol{s}_1 = (m_1, n_1, p_1), \boldsymbol{s}_2 = (m_2, n_2, p_2)$，平面 π 的法向量为 $\boldsymbol{n} = (A, B, C)$，则

(1) $L_1 \perp L_2$ 的充分必要条件是 $m_1 m_2 + n_1 n_2 + p_1 p_2 = 0$；

(2) $L_1 // L_2$ 的充分必要条件是 $\dfrac{m_1}{m_2} = \dfrac{n_1}{n_2} = \dfrac{p_1}{p_2}$；

(3) $L \perp \pi$ 的充分必要条件是 $\dfrac{A}{m} = \dfrac{B}{n} = \dfrac{C}{p}$；

(4) $L // \pi$ 的充分必要条件是 $Am + Bn + Cp = 0$.

§6.5 曲面方程

1. 旋转曲面方程

以一条平面曲线绕其所在平面上一条定直线旋转一周所得的曲面称为旋转曲面，定直线称为旋转轴，旋转曲线称为母线.

设在 yOz 平面上有一条曲线 C，它的方程是 $f(y, z) = 0$. 将曲线 C 绕 z 轴旋转一周，得到一个以 z 轴为旋转轴的曲面，其方程为 $f(\pm\sqrt{x^2 + y^2}, z) = 0$；曲线 C 绕 y 轴旋转一周的曲面方程是 $f(y, \pm\sqrt{x^2 + z^2}) = 0$.

2. 柱面方程

设 l 为定直线，C 为定曲线. 平行于 l 的动直线 L 沿着 C 运动所形成的曲面称为空间柱面. 动直线 L 称为柱面的母线，C 称为准线.

3. 常见的二次曲面方程

(1) 椭球面：$\dfrac{(x - x_0)^2}{a^2} + \dfrac{(y - y_0)^2}{b^2} + \dfrac{(z - z_0)^2}{c^2} = 1.$ 当 $a = b = c$ 时为球面.

（2）椭圆锥面：$\dfrac{x^2}{a^2}+\dfrac{y^2}{b^2}=z^2$.

（3）单叶双曲面：$\dfrac{x^2}{a^2}+\dfrac{y^2}{b^2}-\dfrac{z^2}{c^2}=1$.

（4）双叶双曲面：$\dfrac{x^2}{a^2}-\dfrac{y^2}{b^2}-\dfrac{z^2}{c^2}=1$.

（5）椭圆抛物面：$\dfrac{x^2}{a^2}+\dfrac{y^2}{b^2}=z$.

（6）双曲抛物面（又称为马鞍面）：$\dfrac{x^2}{a^2}-\dfrac{y^2}{b^2}=z$.

§6.6 空间曲线及其方程

空间曲线一般方程：$\begin{cases} F(x,y,z)=0, \\ G(x,y,z)=0. \end{cases}$

空间曲线的参数方程：$\begin{cases} x=x(t), \\ y=y(t), \\ z=z(t), \end{cases} t\in \mathbf{R}.$

空间曲线在坐标面上的投影：设空间曲线 C 的一般方程是 $\begin{cases} F(x,y,z)=0, \\ G(x,y,z)=0. \end{cases}$ 其向 xOy 平面投影所得的投影柱面方程为消去 z 后所得方程，设为 $H(x,y)=0$. 在 xOy 平面上的投影曲线方程为 $\begin{cases} H(x,y)=0, \\ z=0. \end{cases}$

§6.1 向量及其运算

1. 已知空间中两点 $A(3,-1,2)$, $B(3,5,2)$ 且 $\boldsymbol{AM}=-\boldsymbol{BM}$，则 M 的坐标为( )．
A. $(1,2,3)$　　B. $(3,2,2)$　　C. $(3,5,2)$　　D. $(3,2,5)$

2. 设向量 r 的模长为 2，与投影轴的夹角为 $\dfrac{\pi}{4}$，则 r 在该轴上的投影是( )．
A. 2　　B. 1　　C. $\sqrt{2}$　　D. $\sqrt{3}$

3. 若 $A(4,3,1)$, $B(7,1,2)$, $C(5,2,3)$，则依次连接三点形成( )．
A. 等腰三角形　　B. 等边三角形　　C. 线段　　D. 以上均不对

4. 若 z 轴上的点 M 与 $A(1,-4,2)$ 和 $B(5,3,1)$ 的距离相等，则 M 点为 _____．

5. 向量 a 的方向角为 $\alpha=\dfrac{2}{3}\pi$, $\beta=\dfrac{\pi}{3}$，则方向角 $\gamma=$ _____．

6. 已知向量 $\alpha=-\boldsymbol{i}+\boldsymbol{j}-\sqrt{2}\boldsymbol{k}$，其方向余弦 $\cos\gamma$ 为 _____．

7. 已知 $A(4,\sqrt{2},2)$, $B(5,0,1)$，求与 $\boldsymbol{AB}$ 共线的单位向量．

8. 设 $\boldsymbol{AB}=2\boldsymbol{a}-10\boldsymbol{b}$, $\boldsymbol{BC}=2\boldsymbol{a}+6\boldsymbol{b}$, $\boldsymbol{DC}=3\boldsymbol{a}+\boldsymbol{b}$，证明：$A$、$B$、$D$ 三点共线．

9. 已知两点 $M_1(3, 1, \sqrt{2})$,$M_2(2, 2, 0)$,求 $\boldsymbol{M_1M_2}$ 的方向角.

10. 设 $\boldsymbol{a}=\boldsymbol{i}+2\boldsymbol{j}$,$\boldsymbol{b}=-2\boldsymbol{j}+\boldsymbol{k}$,求以 $\boldsymbol{a}$、$\boldsymbol{b}$ 为边的平行四边形的对角线向量.

11. 试确定 m、n 的值,使 $\boldsymbol{a}=5\boldsymbol{i}-\boldsymbol{j}+n\boldsymbol{k}$ 与 $\boldsymbol{b}=m\boldsymbol{i}+2\boldsymbol{j}$ 平行.

12. 点 A 位于第一卦限,向径 $\boldsymbol{OA}$ 与 x、y 轴的夹角依次为 $\dfrac{\pi}{4}$、$\dfrac{\pi}{3}$,$|\boldsymbol{OA}|=2$,求点 A 的坐标.

§6.2 向量的数量积、向量积、混合积

1. 设 a, b 为非零向量,且互相垂直,下面的选项正确的是( ).
A. $|a-b|^2 = (|a|-|b|)^2$ 　　　　B. $|a-b|^2 = |a|^2 - |b|^2$
C. $|a+b|^2 = (|a|+|b|)^2$ 　　　　D. $|a-b|^2 = |a|^2 + |b|^2$

2. 若 $|a|=3, |b|=4$,且 a, b 垂直,则 $|(a+b)\times(a-b)|$ 为( ).
A. 24　　　　B. 16　　　　C. 18　　　　D. 12

3. 设 $a=(1,2,-3)$、$b=(2,-3,m)$、$c=(-2,m,6)$ 共面,且 a、c 不平行,则 m 为( ).
A. -4　　　　B. -6　　　　C. 0　　　　D. -4 或 -6

4. 已知 $|a|=2, |b|=3$,则 $|a\times b|^2 + (a\cdot b)^2 = $ _____.

5. 设向量 $a=(1,2,n)$、$b=(3,m,18)$ 满足 $a\times b=0$,则 $(n,m)=$ _____.

6. 设 $(a\times b)\cdot c=1$,则 $[(a+b)\times(b+c)]\cdot(c+a)=$ _____.

7. 已知四点 $A(1,2,3)$、$B(2,1,4)$、$C(3,5,1)$、$D(4,4,z)$ 共面,求 z.

8. 设 $|a|=2, |b|=\sqrt{2}$,且 $a\cdot b=2$,计算 $|a\times b|$.

9. 向量 $a+2b$ 垂直于 $a-4b$,向量 $a+4b$ 垂直于 $a-2b$,求 a 与 b 的夹角.

10. 设 $a=(2,1,-1)$，$b=(1,-1,2)$，计算 $a \times b$.

11. 已知 $|a|=3$，$|b|=2$，a 与 b 的夹角为 $\dfrac{\pi}{4}$，试求 $|(a+b) \times (a-b)|$.

12. 已知三角形 ABC 的顶点分别为 $A(1,2,3)$、$B(3,4,5)$、$C(2,4,7)$，求此三角形的面积.

§6.3 平面及其方程

1. 平面 $\dfrac{x}{2} - \dfrac{3}{2}y + 2z = 6$ 的法向量是( ).

A. $\left(2, -\dfrac{2}{3}, \dfrac{1}{2}\right)$ B. $(2, -2, 1)$

C. $\left(\dfrac{1}{2}, -\dfrac{3}{2}, 2\right)$ D. $\left(\dfrac{1}{2}, \dfrac{3}{2}, 2\right)$

2. 平面 $3x - 2y + 4 = 0$ 的特点是( ).
A. 平行于 xOy 平面   B. 平行于 z 轴
C. 垂直于 z 轴   D. 通过 z 轴

3. 两平面 $x - y + 2z - 6 = 0$ 和 $2x + y + z - 5 = 0$ 的夹角是( ).

A. $\dfrac{\pi}{3}$ B. $\dfrac{2\pi}{3}$ C. $\dfrac{\pi}{4}$ D. $\dfrac{3\pi}{4}$

4. 过点 $(1, 0, -1)$ 且以向量 $(3, 2, -4)$ 为法向量的平面方程为 _____.

5. 过 z 轴和点 $(-3, 1, -2)$ 的平面方程为 _____.

6. 过点 $(1, 0, 0)$、$(0, 2, 0)$ 和 $(0, 0, 3)$ 的平面方程为 _____.

7. 求平面 $2x - 2y + z - 1 = 0$ 与平面 $4x - 4y + 2z + 3 = 0$ 之间的距离.

8. 求过点 $(1, -1, 2)$、$(-1, 0, 3)$,且平行于 z 轴的平面方程.

9. 求过点 $A(1, 1, -1)$、$B(-2, -2, 2)$、$C(1, -1, 2)$ 的平面方程.

10. 已知平面过两点 $M_1(1,1,1)$、$M_2(0,1,-1)$,且垂直于 $x+y+z=0$,求其方程.

11. 设平面过坐标原点及点 $A(6,-3,2)$,且与 $4x-y+2z-8=0$ 垂直,求此平面的方程.

12. 求经过平面 $4x-y+3z-1=0$ 和 $x+5y-z+2=0$ 的交线,且与 y 轴平行的平面方程.

§6.4 空间直线及其方程

1. 直线 $\dfrac{x+3}{-2} = \dfrac{y+4}{-7} = \dfrac{z}{3}$ 与平面 $4x - 2y - 2z = 3$ 的关系是( ).
   A. 垂直相交
   B. 相交但不垂直
   C. 平行但直线不在平面上
   D. 直线在平面上

2. 过直线 $\begin{cases} x+5y+z=0, \\ x-z=-4, \end{cases}$ 且与平面 $x-4y-8z+12=0$ 夹角成 $\dfrac{\pi}{4}$ 的平面是( ).
   A. $20x + y + 7z - 12 = 0$
   B. $x + 20y + 7z - 12 = 0$
   C. $x + 7y + z - 20 = 0$
   D. $x + y + 7z - 20 = 0$

3. 直线 $L_1 \dfrac{x-1}{1} = \dfrac{y+1}{2} = \dfrac{z-1}{1}$ 与 L_2 直线 $x+1 = y-1 = z$ 的位置关系是( ).
   A. 平行
   B. 垂直
   C. 相交
   D. 异面

4. 过原点且与直线 $\begin{cases} x=1, \\ y=-1+t, \\ z=2+t \end{cases}$ 及 $\dfrac{x+1}{1} = \dfrac{y+2}{2} = \dfrac{z-1}{1}$ 均平行的平面为_____.

5. 直线 $2x = 3y = z - 1$ 平行于平面 $4x + ky + z = 0$,则 $k = $_____.

6. 直线 $\dfrac{x-1}{-1} = \dfrac{y-1}{0} = \dfrac{z-1}{1}$ 与平面 $2x + y - z + 4 = 0$ 的夹角为_____.

7. 直线 $L_1 : \dfrac{x-1}{2} = \dfrac{y+1}{4} = \dfrac{z-1}{2t}$ 与直线 $L_2 : x+1 = y-1 = z$ 相交,求 t 的值.

8. 试求直线 $\begin{cases} x+y-z-1=0, \\ x-y+z+1=0 \end{cases}$ 在平面 $x+y+z=0$ 上投影直线的方程.

9. 已知直线 L 过点 $(1,-4,-6)$ 且与平面 $2x-3y-z-4=0$ 垂直，求直线 L 与平面 $2x+y+2z+13=0$ 的交点.

10. 求过直线 $\dfrac{x+1}{1}=\dfrac{y}{2}=\dfrac{z-1}{-1}$ 的平面，使其平行于直线 $\dfrac{x-1}{3}=\dfrac{y-2}{2}=\dfrac{z-3}{1}$.

11. 求直线 $\begin{cases} 2x-2y+z=4, \\ -2x+2y+z=3 \end{cases}$ 与平面 $x+y=5$ 的位置关系.

12. 若直线 L 通过平面 $x+y-z-8=0$ 与直线 $\dfrac{x-1}{2}=\dfrac{y-2}{-1}=\dfrac{z+1}{2}$ 的交点，且与直线 $\dfrac{x}{2}=\dfrac{y-1}{1}=\dfrac{z}{1}$ 垂直相交，求直线 L 的方程.

§6.5 曲面方程

1. 方程 $x^2+y^2+z^2+Dx+Ey+Fz+G=0$（D、E、F、G 为常数）表示的曲面是（　　）.

　　A. 球面　　　　　B. 点　　　　　C. 虚轨迹　　　D. 以上均有可能

2. 将 zOx 面上的曲线 $x=1$ 绕 x 轴旋转一周所形成的曲面方程为（　　）.

　　A. $x^2+y^2=1$　　B. 平面 $x=1$　　C. $y^2+z^2=1$　　D. 平面 $z=1$

3. 一动点与两定点 $(2,3,1)$ 和 $(4,5,6)$ 等距离,则该动点的轨迹方程为（　　）.

　　A. $4x+4y+10z-63=0$　　　　B. $x+y+5z-32=0$

　　C. $4x+y+10z-62=0$　　　　D. $x+4y+z-32=0$

4. yOz 平面上的曲线 $2z=y^2$ 绕 z 轴旋转一周所得的曲面方程为_____.

5. 曲面 $x^2+y^2=z^2$ 是由曲线_____绕_____轴旋转一周而来.

6. 旋转曲面 $z=2-\sqrt{x^2+y^2}$ 是由曲线 $\begin{cases} z=2-y(z\leqslant 2), \\ x=0 \end{cases}$ 绕_____旋转一周而得.

7. 设有点 $A(2,-1,4)$ 和 $B(1,2,3)$,求线段 AB 垂直平分面的方程.

8. 将 xOy 面上的双曲线 $4x^2-9y^2=36$ 绕 y 轴旋转一周,求旋转曲面的方程.

9. 说明旋转曲面 $z^2=x^2+y^2$ 是怎么样形成的.

10. 求与坐标原点 O 及点 $(2,3,4)$ 的距离之比为 $1:\sqrt{2}$ 的所有点所组成的曲面方程.

11. 将 xOy 坐标面上的直线 $x+2y=4$ 绕 x 轴旋转一周,求旋转曲面的方程.

12. 设动点 A 与点 $(0,1,0)$ 的距离等于从点 A 到平面 $y=4$ 距离的一半,试求点 A 的轨迹.

§6.6 空间曲线及其方程

1. 曲线 $\begin{cases} 2x^2+y^2=1, \\ z=0 \end{cases}$ 绕 y 轴旋转得到的曲面方程为( ).

A. $2x^2+y^2+z^2=1$ B. $2x^2+y^2+z^2=1$

C. $2x^2+y^2+2z^2=1$ D. $x^2+y^2+2z^2=1$

2. 曲线 $\begin{cases} 2x^2+4y+z^2=4z, \\ x^2-8y+3z^2=12z \end{cases}$ 在 xOy 平面上的投影曲线为( ).

A. $x^2+2y=0$ B. $x^2+4y=0$ C. $\begin{cases} x^2+2y=0 \\ z=0 \end{cases}$ D. $\begin{cases} x^2+4y=0 \\ z=0 \end{cases}$

3. 方程 $x^2-2y^2+3z^2=1$ 表示的曲面类型为( ).

A. 单叶双曲面   B. 双叶双曲面   C. 椭圆抛物面   D. 椭球面

4. 空间曲线 $\begin{cases} x^2+y^2=1, \\ z=x^2 \end{cases}$ 在 yOz 面上的投影为_____.

5. 曲面 $\dfrac{x^2}{a^2}-\dfrac{z^2}{c^2}=1$ 的几何特征是母线平行于_____轴.

6. 空间曲线 L 为二次曲面 $\dfrac{x^2}{16}+\dfrac{y^2}{8}+\dfrac{z^2}{16}=1$ 与 $x^2-y^2+2z^2=0$ 的交线,则通过 L 且母线平行于 x 轴的投影柱面方程为_____.

7. 求球面 $x^2+y^2+z^2=9$ 与平面 $x+z=1$ 的交线在 xOy 面上的投影方程.

8. 求以曲线 $\begin{cases} x^2+y^2+z^2=1, \\ z^2=x^2+y^2 \end{cases}$ 为准线,母线平行于 z 轴的柱面方程.

9. 求 $x^2=z$ 绕 z 轴旋转一周所得的曲面与 $z=1$、$z=2$ 所围立体在 xOy 面上的投影区域.

10. 已知两曲面方程分别为 $x^2+2y^2+z^2=4$ 和 $(x-1)^2+2y^2+(z-1)^2=2$,求它们的交线在 xOy 面上的投影方程.

11. 求直线 $\begin{cases} x+y-z=1, \\ x-y+z=-1 \end{cases}$ 在平面方程 $x+y+z=0$ 上投影直线的方程.

12. 空间直线 $L: \dfrac{x-1}{0}=\dfrac{y}{2}=\dfrac{z}{1}$ 绕 z 轴旋转一周,求此旋转曲面的方程.

第7章 多元函数微分学及其应用

1. 基本要求

(1) 了解多元函数的概念;
(2) 了解二元函数的极限与连续的概念,了解有界闭区域上连续函数的性质;
(3) 理解偏导数的概念与全微分的概念,理解全微分存在的必要条件和充分条件;
(4) 理解方向导数和梯度的概念及其计算方法;
(5) 掌握多元复合函数(包括抽象函数)的一阶、二阶偏导数的求法;
(6) 会求隐函数的偏导数;
(7) 理解曲线的切线和法平面以及曲面的切平面和法线的概念,会求它们的方程;
(8) 理解多元函数极值和条件极值的概念,熟练掌握多元函数极值存在的必要条件、二元函数极值存在的充分条件,会求二元函数的极值,会用拉格朗日乘数法求条件极值,会解决一些简单的实际应用问题;
(9) 多元函数的泰勒公式.

2. 重点内容

(1) 偏导数计算;(2) 多元复合函数求导法则、隐函数求导公式;(3) 偏导数的几何应用;(4) 多元函数极值和条件极值.

3. 难点内容

(1) 多元函数极限;(2) 复合函数求导、隐函数求导;(3) 多元函数的泰勒公式.

§7.1 多元函数的基本概念

1. 多元函数的极限与连续

(1) 多元函数:设 D 是 $\mathbf{R}^n$ 中非空点集,称映射 $f: D \to \mathbf{R}$ 为定义在 D 上的 n 元函数.
(2) 多元函数的极限:$\lim\limits_{(x,y) \to (x_0, y_0)} f(x, y) = A$.
(3) 多元函数的连续性:$\lim\limits_{(x,y) \to (x_0, y_0)} f(x, y) = f(x_0, y_0)$,点 P_0 为 $f(x, y)$ 的连续点;否则,点 $P_0(x_0, y_0)$ 为 $f(x, y)$ 的不连续点(或间断点).

2. 性质

(1) 初等函数连续性:初等函数在其定义区域内是连续的. 所谓定义区域是指包含在定义域内的区域或闭区域.

（2）**最大值和最小值定理**：若多元连续函数在有界闭区域 D 上连续，则它在 D 上必定有界，且能取得它的最大值与最小值．

（3）**介值定理**：定义在有界闭区域 D 上的多元连续函数，必取得介于其在 D 上最大值与最小值之间的任何值．

3. 极限的四则运算

若 $\lim f(x, y) = A$，$\lim g(x, y) = B$，则

(1) $\lim[f(x, y) \pm g(x, y)] = \lim f(x, y) \pm \lim g(x, y) = A \pm B$；

(2) $\lim[f(x, y)g(x, y)] = \lim f(x, y) \cdot \lim g(x, y) = AB$；

(3) $\lim k f(x, y) = k \lim f(x, y) = kA$，$k$ 为常数；

(4) 当 $B \neq 0$ 时，有 $\lim \dfrac{f(x, y)}{g(x, y)} = \dfrac{\lim f(x, y)}{\lim g(x, y)} = \dfrac{A}{B}$．

4. 计算小贴士

（1）多元函数的极限与连续性和一元函数的主要区别在于自变量可以以任意方式趋于一点，适当的换元可以区别自变量的变动方式．

（2）熟记常见的无穷小与有界量，有助于多元函数的极限判断．

§7.2 偏导数

1. 偏导数的定义与几何意义

设函数 $z = f(x, y)$ 在点 (x_0, y_0) 的某一邻域内有定义，则极限

$$\lim_{\Delta x \to 0} \frac{\Delta_x z}{\Delta x} = \lim_{\Delta x \to 0} \frac{f(x_0 + \Delta x, y_0) - f(x_0, y_0)}{\Delta x}$$

称为函数 $z = f(x, y)$ 在 (x_0, y_0) 处对 x 的偏导数，记作 $\dfrac{\partial z}{\partial x}$、$\dfrac{\partial f}{\partial x}$、$z_x$ 或 $f_x(x, y)$ 等．

$(1, 0, z_x)$ 为曲面上沿 x 增大方向的切向量，$(0, 1, z_y)$ 为曲面上沿 y 增大方向的切向量．

2. 高阶偏导数计算

对于函数 $z = f(x, y)$ 而言，按照对自变量求导次序的不同，二阶偏导数有下列 4 种：

(1) $\dfrac{\partial}{\partial x}\left(\dfrac{\partial z}{\partial x}\right) = \dfrac{\partial^2 z}{\partial x^2} = f_{xx}(x, y)$；

(2) $\dfrac{\partial}{\partial y}\left(\dfrac{\partial z}{\partial x}\right) = \dfrac{\partial^2 z}{\partial x \partial y} = f_{xy}(x, y)$；

(3) $\dfrac{\partial}{\partial x}\left(\dfrac{\partial z}{\partial y}\right) = \dfrac{\partial^2 z}{\partial y \partial x} = f_{yx}(x, y)$；

(4) $\dfrac{\partial}{\partial y}\left(\dfrac{\partial z}{\partial y}\right) = \dfrac{\partial^2 z}{\partial y^2} = f_{yy}(x, y)$．

如果函数 $z=f(x,y)$ 的两个混合偏导数 $f_{xy}(x,y)$ 和 $f_{yx}(x,y)$ 在区域 D 内连续，则 $f_{xy}(x,y)=f_{yx}(x,y)$.

3. 计算小贴士

(1) 幂指函数求导方法：$f(x,y)^{g(x,y)}=e^{g(x,y)\ln f(x,y)}$，或将幂指函数转化为对数函数，即 $u=f(x,y)^{g(x,y)}$ 时，有 $\ln u=g(x,y)\ln f(x,y)$，然后求导.

(2) 求某一点的偏导数时，不需要求导的分量，可以把该分量取值提前代入简化计算.

§7.3 全微分

1. 全微分概念

设函数 $z=f(x,y)$ 在点 (x,y) 的某邻域内有定义，如果函数 $z=f(x,y)$ 在点 (x,y) 的全增量 $\Delta z=f(x+\Delta x,y+\Delta y)-f(x,y)$ 可表示为 $\Delta z=A\Delta x+B\Delta y+o(\rho)$，其中 A、B 在该点为常数，$\rho=\sqrt{(\Delta x)^2+(\Delta y)^2}$，则称函数 $z=f(x,y)$ 在点 (x,y) 可微，称 $\mathrm{d}z=A\Delta x+B\Delta y$ 是函数 $z=f(x,y)$ 在点 (x,y) 的全微分.

如果函数在区域 D 内各点处都可微，那么称函数在 D 内可微.

2. 可微的条件

(1) $f(x,y)$ 在点 P 偏导数连续 $\Rightarrow$ 在点 P 可微 $\Rightarrow$ 在点 P 偏导数存在；反之，未必成立.

(2) $f(x,y)$ 在点 P 可微 $\Rightarrow$ 在点 P 连续 $\Rightarrow$ 在点 P 极限存在；反之，未必成立.

3. 计算小贴士

(1) 全微分的计算相当于各分量的偏导数与分量微元相乘再求和.

(2) 证明可微性通常需要按照定义进行验证，适当选取无穷小作为误差项是关键.

§7.4 多元复合函数的求导法则

1. 链式法则

设 $z=f(u,v)$，而 $u=\varphi(x,y)$，$v=\psi(x,y)$，且满足(1) 在点 (x,y) 处偏导数 $\dfrac{\partial u}{\partial x}$、$\dfrac{\partial v}{\partial x}$、$\dfrac{\partial u}{\partial y}$、$\dfrac{\partial v}{\partial y}$ 存在；(2) $z=f(u,v)$ 在 (x,y) 的对应点 (u,v) 可微，则复合函数 $z=f[\phi(x,y),\psi(x,y)]$ 在点 (x,y) 的两个偏导数都存在，且有

$$\frac{\partial z}{\partial x}=\frac{\partial z}{\partial u}\cdot\frac{\partial u}{\partial x}+\frac{\partial z}{\partial v}\cdot\frac{\partial v}{\partial x},\quad \frac{\partial z}{\partial y}=\frac{\partial z}{\partial u}\cdot\frac{\partial u}{\partial y}+\frac{\partial z}{\partial v}\cdot\frac{\partial v}{\partial y}.$$

2. 计算小贴士

(1) 复合函数 $z=f[u(x,y),v(x,y)]$ 的全微分为

$$dz = z_x dx + z_y dy = (z_u u_x + z_v v_x)dx + (z_u u_y + z_v v_y)dy$$
$$= z_u(u_x dx + u_y dy) + z_v(v_x dx + v_y dy) = z_u du + z_v dv.$$

无论 u、v 是自变量还是中间变量,一阶全微分具有相同的形式,这就是一阶全微分的形式不变性.

(2) 要根据题目要求的变量求偏导数,如果函数的分量较为复杂,可以使用类似 z'_1 表示对第一个分量求偏导.

§7.5 隐函数存在定理与隐函数微分法

1. 隐函数偏导数计算

设方程 $F(x,y,z)=0$ 在 (x_0,y_0,z_0) 的某一邻域内能唯一确定一个单值连续且有连续偏导数的函数 $z=f(x,y)$,它满足方程 $F(x,y,z)=0$ 及条件 $z_0=f(x_0,y_0)$,其偏导数为

$$\frac{\partial z}{\partial x} = -\frac{F_x}{F_z}, \quad \frac{\partial z}{\partial y} = -\frac{F_y}{F_z}.$$

如果方程组 $\begin{cases} F(x,y,u,v)=0, \\ G(x,y,u,v)=0 \end{cases}$ 在 (x_0,y_0,u_0,v_0) 的某一邻域中确定了两个单值连续且有连续偏导数的二元函数 $u=u(x,y), v=v(x,y)$,利用复合函数求导可得

$$\begin{cases} F_x + F_u \dfrac{\partial u}{\partial x} + F_v \dfrac{\partial v}{\partial x} = 0, \\ G_x + G_u \dfrac{\partial u}{\partial x} + G_v \dfrac{\partial v}{\partial x} = 0 \end{cases} \text{以及} \begin{cases} F_y + F_u \dfrac{\partial u}{\partial y} + F_v \dfrac{\partial v}{\partial y} = 0, \\ G_y + G_u \dfrac{\partial u}{\partial y} + G_v \dfrac{\partial v}{\partial y} = 0, \end{cases}$$

解二元一次方程组可得 $\dfrac{\partial u}{\partial x}$、$\dfrac{\partial v}{\partial x}$、$\dfrac{\partial u}{\partial y}$ 和 $\dfrac{\partial v}{\partial y}$.

2. 计算小贴士

(1) 计算时简单地看,就是把指定变量看作其他变量的函数进行偏导数运算,隐函数导数不要求写成显函数表达式.

(2) 对隐函数求高阶偏导数时要把低阶导数值代入运算.

§7.6 方向导数、梯度

1. 方向导数

l 是从点 P_0 出发的射线. 在射线 l 上任取一点 $P(x_0+\Delta x, y_0+\Delta y)$,则极限

$$\lim_{P \to P_0} \frac{f(P)-f(P_0)}{\rho} = \lim_{\rho \to 0} \frac{f(x_0+\Delta x, y_0+\Delta y)-f(x_0,y_0)}{\rho},$$

其中 $\rho = \sqrt{(\Delta x)^2 + (\Delta y)^2}$, 称为函数 $z=f(x,y)$ 在点 P_0 处沿方向 l 的方向导数,记作 $\left.\dfrac{\partial f}{\partial l}\right|_{P_0}$. 三元函数依此类推.

2. 梯度

如果函数 $z=f(x,y)$ 在 $P_0(x_0,y_0)$ 点存在偏导数,则称向量
$$f_x(x_0,y_0)\boldsymbol{i}+f_y(x_0,y_0)\boldsymbol{j}$$
为函数 $f(x,y)$ 在点 $P_0(x_0,y_0)$ 处的梯度,记作 $\mathbf{grad}\,f(x_0,y_0)$. 三元函数依此类推.

如果函数 $z=f(x,y)$ 在点 $P_0(x_0,y_0)$ 处是可微的,那么在该点处沿任何方向,$\boldsymbol{l}^0=(\cos\alpha,\cos\beta)$ 的方向导数都存在,$\left.\dfrac{\partial f}{\partial l}\right|_{P_0}=\mathbf{grad}\,f(x_0,y_0)\cdot\boldsymbol{l}^0$.

3. 性质

(1) 方向导数描述的是函数沿指定方向的增长速度.
(2) $\mathbf{grad}\,f$ 方向为函数增长最快方向,$-\mathbf{grad}\,f$ 方向为函数减少最快方向.

4. 计算小贴士

(1) 梯度应为向量而非数值.
(2) 由于方向导数计算的是函数沿某一方向的变化率,与梯度进行内积的应为方向向量的同向单位向量,与向量长度无关.

§7.7 多元微分学的几何应用

1. 空间曲线切线、法平面方程

设空间曲线 Γ 表示为 $\boldsymbol{r}=\boldsymbol{r}(t)=(x(t),y(t),z(t))$ $(\alpha\leqslant t\leqslant\beta)$,则曲线 Γ 在 $M_0(x_0,y_0,z_0)$ 处切线方程为
$$\frac{x-x_0}{x'(t_0)}=\frac{y-y_0}{y'(t_0)}=\frac{z-z_0}{z'(t_0)},$$
法平面方程为
$$x'(t_0)(x-x_0)+y'(t_0)(y-y_0)+z'(t_0)(z-z_0)=0.$$

2. 曲面的切平面与法线方程

设曲面 Σ 的方程为 $F(x,y,z)=0$,则曲面上点 $M_0(x_0,y_0,z_0)$ 处切平面方程为
$$F_x(x_0,y_0,z_0)(x-x_0)+F_y(x_0,y_0,z_0)(y-y_0)+F_z(x_0,y_0,z_0)(z-z_0)=0,$$
法线方程为
$$\frac{x-x_0}{F_x(x_0,y_0,z_0)}=\frac{y-y_0}{F_y(x_0,y_0,z_0)}=\frac{z-z_0}{F_z(x_0,y_0,z_0)}.$$

3. 计算小贴士

可以通过等号数量简单区分直线与平面方程：平面方程只有一个等号，对变量限制较少；直线方程有两个等号，限制较多.

§7.8 二元函数的泰勒公式

1. 二元泰勒公式

设 $z=f(x,y)$ 在点 (x_0,y_0) 的某一邻域 D 内连续且具有直到 $n+1$ 阶连续偏导数，(x_0+h, y_0+k) 为此邻域 D 内任一点，则有

$$f(x_0+h, y_0+k) = f(x_0,y_0) + \left(h\frac{\partial}{\partial x}+k\frac{\partial}{\partial y}\right)f(x_0,y_0)$$

$$+\frac{1}{2!}\left(h\frac{\partial}{\partial x}+k\frac{\partial}{\partial y}\right)^2 f(x_0,y_0)+\cdots$$

$$+\frac{1}{n!}\left(h\frac{\partial}{\partial x}+k\frac{\partial}{\partial y}\right)^n f(x_0,y_0)+R_n,$$

式中：$R_n = \frac{1}{(n+1)!}\left(h\frac{\partial}{\partial x}+k\frac{\partial}{\partial y}\right)^{n+1} f(x_0+\theta h, y_0+\theta k)\ (0<\theta<1)$.

2. 计算小贴士

如果函数 $f(x,y)$ 在区域 D 内的偏导数恒为 0，那么函数在 D 上必是常数.

§7.9 多元函数的极值与最值问题

1. 极值定义

设函数 $z=f(x,y)$ 在点 $P_0(x_0,y_0)$ 的某个邻域内都有不等式 $f(x,y) \leqslant f(x_0,y_0)$（或 $f(x,y) \geqslant f(x_0,y_0)$），那么称 $f(x_0,y_0)$ 为函数 $f(x,y)$ 的极大值（或极小值），称点 $P_0(x_0,y_0)$ 为函数的极大点（或极小点）.

注：极值点在函数定义域内部而不是边界上.

2. 性质

（1）极值的必要条件：如果点 $P_0(x_0,y_0)$ 是函数的极值点且偏导数存在，那么一阶偏导数在点 P_0 处的值必为 0，即 $f_x(x_0,y_0)=0$，$f_y(x_0,y_0)=0$.

（2）极值的充分条件：点 $P_0(x_0,y_0)$ 是函数的一个驻点，即 $f_x(P_0)=0$，$f_y(P_0)=0$. $f_{xx}(P_0)=A$，$f_{xy}(P_0)=B$，$f_{yy}(P_0)=C$，则 $B^2-AC<0$ 时具有极值，且当 $A<0$ 时有极大值 $f(P_0)$，当 $A>0$ 时有极小值 $f(P_0)$；$B^2-AC>0$ 时没有极值；$B^2-AC=0$ 时，可能有极值，也可能没有极值，需另作讨论.

3. 拉格朗日乘数法

函数 $u=f(x_1, x_2, \cdots, x_n)$，约束条件 $\varphi_i(x_1, x_2, \cdots, x_n)=0$ $(i=1, 2, \cdots, m, m<n)$.

$$L(x_1, x_2, \cdots, x_n, \lambda_1, \lambda_2, \cdots, \lambda_m)=f(x_1, x_2, \cdots, x_n)+\sum_{j=1}^{m}\lambda_j\varphi_j(x_1, x_2, \cdots, x_n)$$

为相应拉格朗日函数. 若该函数可求偏导，则由 L 取得极值的必要条件 $\frac{\partial L}{\partial x_i}=0 (i=1, 2, \cdots, n)$，$\frac{\partial L}{\partial \lambda_j}=0 (j=1, 2, \cdots, m)$，解得 u 的可能条件极值点 $(x_1^0, x_2^0, \cdots, x_n^0)$ 为 L 的驻点 $(x_1^0, x_2^0, \cdots, x_n^0, \lambda_1^0, \lambda_2^0, \cdots, \lambda_m^0)$ 中的相应变量取值.

4. 计算小贴士

(1) 极值点可以有多个，带边区域的最值需要讨论内部驻点以及满足边界条件的条件极值点，并将两者取值大小进行比较.

(2) 拉格朗日乘数法在求解驻点时往往利用对称性简化计算.

§7.10 最小二乘法

1. 最小二乘法

根据数据集合 $\{(x_i, y_i) \mid i=1, \cdots, n\}$ 建立回归直线方程：

$$Y=a+bX,$$

式中：$b=\dfrac{n\sum\limits_{i=1}^{n}x_iy_i-\sum\limits_{i=1}^{n}x_i \cdot \sum\limits_{i=1}^{n}y_i}{n\sum\limits_{i=1}^{n}x_i^2-\left(\sum\limits_{i=1}^{n}x_i\right)^2}$，$a=\dfrac{\sum\limits_{i=1}^{n}x_i^2 \cdot \sum\limits_{i=1}^{n}y_i-\sum\limits_{i=1}^{n}x_i \cdot \sum\limits_{i=1}^{n}x_iy_i}{n\sum\limits_{i=1}^{n}x_i^2-\left(\sum\limits_{i=1}^{n}x_i\right)^2}.$

2. 性质

(1) 该直线与数据点的竖直距离（残差）平方和最小，回归直线反映数据线性特征.

(2) 可以推广为非线性回归曲线，例如二次曲线，此时需要确定的参数变为三个.

3. 计算小贴士

(1) 数学建模过程中一般先对数据进行描点画图，人工观察数据的几何特征，再选择数据可能符合的函数类型进行拟合.

(2) 通常计算量较大，建议编写循环语句，利用程序进行运算.

§7.1 多元函数的基本概念

1. 对于平面点集 $E=\{(x,y)\mid x^2+y^2\leqslant 4\}$，下列选项中的点不是 E 的内点的是（　　）.

A. $(0,1)$　　B. $(1,1)$　　C. $(2,0)$　　D. $(1.5,1)$

2. 已知函数 $f(x+y,x-y)=x^2+y^2+6xy$，则 $f(x,y)=$（　　）.

A. $2x^2+y^2$　　B. x^2+y^2+6xy　　C. $2x^2-y^2$　　D. x^2+y^2

3. 对于平面点集 $E=\{(x,y)\mid 1<x^2+y^2\leqslant 2\}$，下列选项中的点不是 E 的聚点的是（　　）.

A. $(0,1)$　　B. $(\sqrt{2},0)$　　C. $\left(-\dfrac{1}{2},\dfrac{1}{2}\right)$　　D. $(1,0.1)$

4. 点 $x=0$ 是 $f(x)=\arctan\dfrac{1}{x}$ 的_____.（填间断点类型）

5. 已知 $f(x,y)=(x+y)\sin\dfrac{1}{x}\sin\dfrac{1}{y}$，则 $\lim\limits_{(x,y)\to(0,0)}f(x,y)=$_____.

6. $u=\arccos\dfrac{z}{\sqrt{x^2+y^2}}$ 的定义域为_____.

7. (1) 已知函数 $f(u,v)=u^v$，试求 $f(xy,x+y)$.

(2) 已知函数 $f(u,v,w)=u^w+w^{u+v}$，试求 $f(x+y,x-y,xy)$.

8. 若函数 $z=f(x,y)$ 恒满足关系式 $f(tx,ty)=t^k f(x,y)$，就叫作 k 次齐次函数．试证明：k 次齐次函数 $z=f(x,y)$ 能化成 $z=x^k F\left(\dfrac{y}{x}\right)$.

9. 计算 $\lim\limits_{(x,y)\to(+\infty,+\infty)}\left(\dfrac{xy}{x^2+y^2}\right)^{x^2}$.

10. 证明：极限 $\lim\limits_{(x,y)\to(0,0)}\dfrac{3xy}{x^2+y^2}$ 不存在.

11. 设 $f(x,y)=\begin{cases}\dfrac{x^2y}{x^4+y^2}, & x^2+y^2\neq 0,\\ 0, & x^2+y^2=0,\end{cases}$ 证明：极限 $\lim\limits_{(x,y)\to(0,0)}f(x,y)$ 不存在.

12. 求 $\lim\limits_{(x,y)\to(0,0)}\dfrac{xy}{\sqrt{x^2+y^2}}$.

§7.2 偏导数

1. 设 $z = xy e^{-xy}$，则 $z_x(x, -x) = ($).

A. $-x(1+x^2)e^{x^2}$ B. $2x(1-x^2)e^{x^2}$

C. $-x(1-x^2)e^{x^2}$ D. $-2x(1+x^2)e^{x^2}$

2. 设 $u = \ln(1+x+y^2+z^3)$，则 $(u'_x + u'_y + u'_z)|_{(1,1,1)} = ($).

A. 3 B. 6 C. $\dfrac{1}{2}$ D. $\dfrac{3}{2}$

3. 设函数 $f(x+y, x-y) = xy$，则 $y\dfrac{\partial f(x, y)}{\partial x} + x\dfrac{\partial f(x, y)}{\partial y} = ($).

A. $y^2 + x^2$ B. xy C. $x - y$ D. 0

4. 若函数 $f(xy, x+y) = x^2 + y^2 + xy$，则 $\dfrac{\partial f(x, y)}{\partial y} = $ _____.

5. 已知 $z = (y-2)\sin x \cdot \ln(y + e^{x^2}) + x^2$，则 $z_x(1, 2) = $ _____.

6. 曲线 $\begin{cases} z = \dfrac{x^2+y^2}{4}, \\ y = 4 \end{cases}$ 在点 $(2, 4, 5)$ 处的切线与 x 轴正向所成的夹角为 _____.

7. 平面 $x = 2$ 交抛物面 $z = x^2 + y^2 + 2$ 成一抛物线，求抛物线上点 $(2, 1, 7)$ 处 z 关于 y 的切线斜率.

8. 设 $z = f(x, y) = \begin{cases} (x^2+y^2)\sin\dfrac{1}{\sqrt{x^2+y^2}}, & x^2+y^2 \neq 0, \\ 0, & x^2+y^2 = 0, \end{cases}$

问：(1) $f(x, y)$ 在 $(0, 0)$ 处是否连续？(2) $f_x(0, 0), f_y(0, 0)$ 是否存在？

9. 设 $z = (1+xy)^{x+y}$，求 $\dfrac{\partial z}{\partial x}$.

10. 设 $f(x, y) = \begin{cases} \dfrac{x^2 y}{x^2 + y^2}, & x^2 + y^2 \neq 0, \\ 0, & x^2 + y^2 = 0, \end{cases}$ 求 $f_x(x, y)$.

11. 设 $f(x, y) = x + (y-1)\arctan\dfrac{x+y}{x^2+y^2+2}$，求 $f_x(x, 1)$.

12. 设 $z = (1+xy)^y$，求 $\dfrac{\partial z}{\partial y}\bigg|_{(1, 1)}$.

§7.3 全微分

1. 二元函数 $f(x, y)$ 在点 $(0, 0)$ 处可微的一个充分条件是( ).

A. $\lim\limits_{(x, y) \to (0, 0)} [f(x, y) - f(0, 0)] = 0$

B. $\lim\limits_{x \to 0} \dfrac{f(x, 0) - f(0, 0)}{x} = 0$，且 $\lim\limits_{y \to 0} \dfrac{f(0, y) - f(0, 0)}{y} = 0$

C. $\lim\limits_{(x, y) \to (0, 0)} \dfrac{f(x, y) - f(0, 0)}{\sqrt{x^2 + y^2}} = 0$

D. $\lim\limits_{x \to 0} [f'_x(x, 0) - f'_x(0, 0)] = 0$，且 $\lim\limits_{y \to 0} [f'_y(0, y) - f'_y(0, 0)] = 0$

2. 二元函数 $z = f(x, y)$ 在点 (x_0, y_0) 处满足关系( ).

A. 可微 $\Leftrightarrow$ 可导(指偏导数存在) $\Rightarrow$ 连续

B. 可微 $\Rightarrow$ 可导 $\Rightarrow$ 连续

C. 可微 $\Rightarrow$ 可导或可微 $\Rightarrow$ 连续，但可导不一定连续

D. 可导 $\Rightarrow$ 连续，但可导不一定连续

3. 对于二元函数 $z = f(x, y)$，下列有关偏导数与全微分关系中正确的命题是( ).

A. 偏导数不连续，则全微分必不存在

B. 偏导数连续，则全微分必存在

C. 全微分存在，则偏导数必连续

D. 全微分存在，而偏导数不一定存在

4. 已知 $u = e^{xy}$，则全微分 $du = $ _____.

5. 设 $u = f(x, y) = \int_0^{x^2 y} e^{-t^2} dt$，则 $du = $ _____.

6. 函数 $u = \dfrac{1}{\sqrt{x^2 + y^2}}$ 的全微分为 _____.

7. 计算函数 $u = \arctan \dfrac{y}{x}$ 的全微分.

8. 设 $z = (2x + 1)^{xy}$，求 dz.

9. 设 $u = f(x, y) = \int_0^{xy} x e^{-t^2} dt$,求 du.

10. 有 $f(x, y) = \begin{cases} (x^2 + y^2) \sin \dfrac{1}{\sqrt{x^2 + y^2}}, & x^2 + y^2 \neq 0, \\ 0, & x^2 + y^2 = 0, \end{cases}$ 讨论 $f(x, y)$ 在点 $(0, 0)$ 的可微性.

11. 设 $f(x, y) = |x - y| \varphi(x, y)$,其中 $\varphi(x, y)$ 在点 $(0, 0)$ 的邻域内连续. 试问:
(1) $\varphi(x, y)$ 满足什么条件,可使 $f_x(0, 0), f_y(0, 0)$ 存在?
(2) $\varphi(x, y)$ 满足什么条件,可使 $f(x, y)$ 在 $(0, 0)$ 处可微?

12. 求 $u = \sqrt{\dfrac{x}{y}}$ 在 $x = 1, y = 1$ 处的全微分.

§7.4 多元复合函数的求导法则

1. 设 $f(x, y)$ 具有偏导数,且 $w = f(x+y, xy)$,则 $\dfrac{\partial w}{\partial x} = ($ $)$.

A. $f'_1(x+y, xy) + yf'_2(x+y, xy)$
B. $f'_1(x+y, xy) + f'_2(x+y, xy)$
C. $xf'_1(x+y, xy) + yf'_2(x+y, xy)$
D. $f'_1(x+y, xy) + xf'_2(x+y, xy)$

2. 设 $f(x, y)$ 具有偏导数,且 $w = f(x^2+y^2, e^{xy})$,则 $\dfrac{\partial w}{\partial x} = ($ $)$.

A. $2yf'_1(x^2+y^2, e^{xy}) + xe^{xy}f'_2(x^2+y^2, e^{xy})$
B. $2yf'_1(x^2+y^2, e^{xy}) + ye^{xy}f'_2(x^2+y^2, e^{xy})$
C. $2xf'_1(x^2+y^2, e^{xy}) + e^{xy}f'_2(x^2+y^2, e^{xy})$
D. $2xf'_1(x^2+y^2, e^{xy}) + ye^{xy}f'_2(x^2+y^2, e^{xy})$

3. 设 $f(x)$ 可导,且 $u = f(x^2+y^2)$,则 $\dfrac{\partial^2 u}{\partial x^2} = ($ $)$.

A. $4x^2 f'' + 2xf'$ B. $2xf'' + 2f'$ C. $4x^2 f'' + 2f'$ D. $2x^2 f'' + 2f'$

4. 设 $z = \dfrac{y}{f(x^2 - y^2)}$,其中 f 为可导函数,则 $\dfrac{1}{x}\dfrac{\partial z}{\partial x} + \dfrac{1}{y}\dfrac{\partial z}{\partial y} = $ _____.

5. 设 $z = xy + xF(u)$,而 $u = \dfrac{y}{x}$,$F(u)$ 为可导函数,则 $x\dfrac{\partial z}{\partial x} + y\dfrac{\partial z}{\partial y} = $ _____.

6. 设 $f(x)$ 为可导函数,且 $f'(1) = 1$,$z = f(xy)$,则 $\left.\dfrac{\partial z}{\partial x} + \dfrac{\partial z}{\partial y}\right|_{(1,1)} = $ _____.

7. 设 $f(x)$ 为可导函数,且 $f'(5) = 1$,$z = f(\sqrt{x^2+y^2})$,求 $\left.\dfrac{\partial z}{\partial x} + \dfrac{\partial z}{\partial y}\right|_{(3,4)}$.

8. 设 $z = f(u, x, y)$,$u = x\sin y$,其中 f 具有二阶偏导数,求 $\dfrac{\partial^2 z}{\partial x \partial y}$.

9. 设 $z = f\left(xy, \dfrac{x}{y}\right)$，其中 $f(u, v)$ 具有连续二阶偏导数，求 $\dfrac{\partial^2 z}{\partial x \partial y}$.

10. 设 $z = f(x^2 - y^2, e^{xy})$，其中 f 具有二阶连续偏导数，求 $\dfrac{\partial z}{\partial x}$ 及 $\dfrac{\partial^2 z}{\partial x \partial y}$.

11. 设 $z = f\left(\dfrac{x}{y}, \dfrac{y}{x}\right)$，其中 $f(u, v)$ 具有二阶连续偏导数，求 $\dfrac{\partial^2 z}{\partial x \partial y}$.

12. 设 $z = f(x^2, xy)$，其中 f 有二阶连续偏导数，求 $\dfrac{\partial z}{\partial x}$ 及 $\dfrac{\partial^2 z}{\partial x \partial y}$.

§7.5 隐函数存在定理与隐函数微分法

1. 设 $\dfrac{x}{z}=\ln\dfrac{z}{y}$，则 $\dfrac{\partial z}{\partial x}=($).

A. $\dfrac{x+z}{z}$ B. $-\dfrac{z}{x+z}$ C. $\dfrac{z}{x+z}$ D. $\dfrac{z}{x+y}$

2. 设 $e^z-xyz=0$，则 $\dfrac{\partial z}{\partial x}$ 等于( ).

A. $\dfrac{z}{1+z}$ B. $\dfrac{z}{x(z-1)}$ C. $\dfrac{y}{x(1+z)}$ D. $\dfrac{y}{x(1-z)}$

3. 设 $2xz-2xyz+\ln(xyz)=0$，则 $\dfrac{\partial z}{\partial x}=($).

A. $\dfrac{z}{x}$ B. $\dfrac{x}{z}$ C. $-\dfrac{z}{x}$ D. $-\dfrac{x}{z}$

4. 设 $z^2=y+x\varphi(z)$，其中 $\varphi(z)$ 可导，则 $\dfrac{\partial z}{\partial x}=$ _____.

5. 设 $xy+yz+zx=3$，则 $\dfrac{\partial z}{\partial x}\Big|_{x=1,\,y=1}^{z=1}=$ _____.

6. 设 $z=f(x+y+z,\,xyz)$，则 $\dfrac{\partial z}{\partial x}=$ _____.

7. 由方程 $\displaystyle\int_0^{x^2}e^t\,dt+\int_0^{y^3}t\,dt+\int_0^z\cos t\,dt=0$ 所确定的隐函数 $z=f(x,y)$，求偏导数 $\dfrac{\partial z}{\partial x}$、$\dfrac{\partial z}{\partial y}$.

8. 函数 $z=z(x,y)$ 由方程 $x=f(y^2,x+z)$ 所确定，其中 $f(u,v)$ 二阶可偏导，且 $f_v\neq 0$，求 $\dfrac{\partial^2 z}{\partial x^2}$.

9. 方程 $x^3 + y^3 + z^3 - 3xyz = 0$ 确定函数 $z = f(x, y)$, 求 dz.

10. 设方程 $e^{y+z} - x\sin z = e$ 确定了在点 $(x, y) = (0, 1)$ 附近的一个隐函数 $z = z(x, y)$, 求 $\dfrac{\partial z}{\partial x}\bigg|_{(0,1)}$ 及 $\dfrac{\partial z}{\partial y}\bigg|_{(0,1)}$.

11. 设函数 $F(u, v)$ 具有连续偏导数, $z = z(x, y)$ 是由 $F\left(x + \dfrac{z}{y}, y + \dfrac{z}{x}\right) = 0$ 所确定, 试求表达式 $x\dfrac{\partial z}{\partial x} + y\dfrac{\partial z}{\partial y}$.

12. 设函数 $z(x, y)$ 由方程 $F\left(z + y, x + \dfrac{z}{y}\right) = 0$ 所确定, 求 $\dfrac{\partial z}{\partial x}$、$\dfrac{\partial z}{\partial y}$.

§7.6 方向导数、梯度

1. 函数 $f(x,y)=x^2+2xy$ 在 $P_0(2,3)$ 沿 $l=(1,1)$ 方向的方向导数为(　　).

A. $\left.\dfrac{\partial f}{\partial l}\right|_{(2,3)}=7\sqrt{2}$ B. $\left.\dfrac{\partial f}{\partial l}\right|_{(2,3)}=10\sqrt{2}$

C. $\left.\dfrac{\partial f}{\partial l}\right|_{(2,3)}=8\sqrt{2}$ D. $\left.\dfrac{\partial f}{\partial l}\right|_{(2,3)}=5\sqrt{2}$

2. $u=x-y+z$ 在 $P_0(2,1,3)$ 沿 $l=(-4,1,8)$ 方向的方向导数(　　).

A. $\left.\dfrac{\partial u}{\partial l}\right|_{(2,1,3)}=\dfrac{2}{9}$ B. $\left.\dfrac{\partial u}{\partial l}\right|_{(2,1,3)}=\dfrac{1}{3}$

C. $\left.\dfrac{\partial u}{\partial l}\right|_{(2,1,3)}=-\dfrac{2}{9}$ D. $\left.\dfrac{\partial u}{\partial l}\right|_{(2,1,3)}=-\dfrac{1}{3}$

3. 函数 $f(x,y)=x^2y^2-3xy$ 在点 $(1,3)$ 的梯度为(　　).

A. $9\boldsymbol{i}-3\boldsymbol{j}$ B. $-9\boldsymbol{i}+3\boldsymbol{j}$ C. $-9\boldsymbol{i}-3\boldsymbol{j}$ D. $9\boldsymbol{i}+3\boldsymbol{j}$

4. 使函数 $f(x,y,z)=x^2+2xz+y^2+z$ 在点 $(2,1,-1)$ 处增加最快的方向为 _____.

5. 函数 $f(x,y,z)=x^2yz$ 在点 $(1,1,1)$ 处沿 $(2,-1,3)$ 的方向导数为 _____.

6. 函数 $f(x,y)=xe^{-4y}$ 在点 $(1,0)$ 的梯度为 _____.

7. 求函数 $f(x,y,z)=\ln(xyz)$ 在点 $(1,2,3)$ 的梯度.

8. 求函数 $u=\dfrac{1}{\sqrt{x^2+y^2+z^2}}$ 在点 $(1,1,-1)$ 处沿方向 $l=(1,4,8)$ 的方向导数,并判断函数 $f(x,y,z)$ 在 $P_0(1,1,-1)$ 沿方向 l 值的变化趋势.

9. 求函数 $z=\ln(x+y)$ 在抛物线 $y^2=4x$ 上点 $(1,2)$ 处,沿着抛物线在该点处偏向 x 轴正向的切线方向的方向导数.

10. 求函数 $u=xy^2+z^3-xyz$ 在点 $M(1,1,2)$ 处沿方向 l 的方向导数,其中 l 与三坐标轴正项的夹角分别成 $\dfrac{\pi}{3}$、$\dfrac{\pi}{4}$ 和 $\dfrac{\pi}{3}$.

11. 求函数 $u=xy+yz+zx$ 在点 $M(1,2,3)$ 处的梯度.

12. 证明:函数 $f(x,y)=\begin{cases}\dfrac{x^2+y^2}{\sqrt{x^2+y^2}}, & x^2+y^2\neq 0, \\ 0, & x^2+y^2=0\end{cases}$ 在原点 $(0,0)$ 处沿任何方向的方向导数都存在,但函数在原点处偏导数不存在,从而是不可微分的.

§7.7 多元微分学的几何应用

1. 曲线 $x=2t$、$y=3t^2$、$z=t^3+3t$，在点 $(2,3,4)$ 处的切线方程为(　　).

A. $\dfrac{x-2}{1}=\dfrac{y-3}{3}=\dfrac{z-4}{3}$ 　　 B. $\dfrac{x-2}{2}=\dfrac{y-3}{3}=\dfrac{z-4}{4}$

C. $\dfrac{x-2}{2}=\dfrac{y-6}{6}=\dfrac{z-6}{6}$ 　　 D. $\dfrac{x-2}{2}=\dfrac{y-6}{3}=\dfrac{z-6}{4}$

2. 曲线 $y=x$、$z=x^2$ 在点 $(1,1,1)$ 的法平面方程为(　　).

A. $x+y+2z=0$ 　　 B. $x+y+2z-4=0$

C. $x+y+z-4=0$ 　　 D. $x+y+z=0$

3. 曲线 $\begin{cases} x^2+y^2+z^2=6, \\ x-y+z=0 \end{cases}$ 在点 $(1,2,1)$ 处的法平面方程为(　　).

A. $x+y-z=0$ 　　 B. $x-y=0$ 　　 C. $x-y+z=0$ 　　 D. $x-z=0$

4. 曲面 $ax^2+by^2+cz^2=1$ 在点 (x_0,y_0,z_0) 处的法线方程为_____.

5. 曲面 $xyz=a^3$ 在点 (x_0,y_0,z_0) 处的切平面方程为_____.

6. 曲线 $x=\arcsin t$、$y=\arccos t$、$z=\arctan t$ 在点 $\left(0,\dfrac{\pi}{2},0\right)$ 处切向量为_____.

7. 求曲线 $x=t-\sin t$、$y=1-\cos t$、$z=4\sin\dfrac{t}{2}$ 在点 $\left(\dfrac{\pi}{2}-1,1,2\sqrt{2}\right)$ 处的切线及法平面方程.

8. 求曲线 $\begin{cases} x^2+y^2+z^2-3x=0, \\ 2x-3y+5z-4=0 \end{cases}$ 在点 $(1,1,1)$ 处的切线及法平面方程.

9. 求球面 $x^2+y^2+z^2=\dfrac{9}{4}$ 与椭球面 $3x^2+(y-1)^2+z^2=\dfrac{17}{4}$ 的交线对应于 $x=1$ 的交点处的切线方程和法平面方程.

10. 求椭球面 $x^2+2y^2+z^2=1$ 上平行于平面 $x-y+2z=0$ 的切平面方程.

11. 试证明：曲面 $\sqrt{x}+\sqrt{y}+\sqrt{z}=\sqrt{a}\,(a>0)$ 上任一点处的切平面在各坐标轴上的截距之和等于 a.

12. 证明：曲面 $x^2+y^2+z^2=ax$ 与 $x^2+y^2+z^2=by$ 相互正交（即两曲面在交线上任一点处的法向量垂直）.

§7.9 多元函数的极值与最值问题

1. 设 $f(x)$ 满足条件 $\lim\limits_{x \to x_0} \dfrac{f(x)-f(x_0)}{(x-x_0)^2} = A > 0$,则 $f(x_0)$ 是( ).

A. 极小值   B. 极大值

C. 不是极值   D. 不能确定是否是极值

2. 函数 $f(x,y) = x^2 + y^2 - 4x - 4y$ 有( ).

A. 极小值点 $(2, 2)$ B. 极大值点 $(2, 2)$

C. 极小值点 $(-2, -2)$ D. 极大值点 $(-2, -2)$

3. 下列选项中不是函数 $f(x,y) = x^4 + y^4 - x^2 - 2xy - y^2$ 的驻点的是( ).

A. $(0, 0)$ B. $(1, 1)$ C. $(-1, 1)$ D. $(-1, -1)$

4. 函数 $f(x,y) = x^2 + 2x^2y + y^2$ 在 $D = \{(x,y) \mid x^2 + y^2 \leqslant 1\}$ 的区域上求解最值,则区域 D 边界上拉格朗日函数 $L(x,y,\lambda) = $ _____.

5. 要求表面积为 $6a^2$ 而体积最大的长方体体积的拉格朗日函数(设长方体长、宽、高分别为 x,y,z)为 $L(x,y,z,\lambda) = $ _____.

6. $z = (6x - x^2)(4y - y^2)$ 的驻点个数为 _____.

7. 求 $z = x^3 + y^3 - 3(x^2 + y^2)$ 极值点.

8. 求函数 $f(x,y) = x^2 + 2y^2 - x^2y^2$ 在区域 $D = \{(x,y) \mid x^2 + y^2 \leqslant 4, y \geqslant 0\}$ 上的最大值和最小值.

9. 在椭球面 $\dfrac{x^2}{a^2}+\dfrac{y^2}{b^2}+\dfrac{z^2}{c^2}=1(a>0,b>0,c>0)$，位于第一卦限的部分，求一点，使其三个坐标乘积为最大.

10. 求原点到曲面 $z^2=xy+x-y+4$ 的最短距离.

11. 抛物面 $z=x^2+y^2$ 被平面 $x+y+z=1$ 所截，截痕为椭圆，求原点到这椭圆的最长与最短距离.

12. 试求椭球面 $x^2+y^2+\dfrac{z^2}{4}=1$ 在第一卦限部分的一点，使该点处的切平面在三根坐标轴上的截距的平方之和为最小.

第 8 章 重 积 分

1. 基本要求

(1) 了解二重积分、三重积分的概念,了解重积分的性质;

(2) 掌握二重积分的计算方法(直角坐标、极坐标)、三重积分的计算方法(直角坐标、柱面坐标、球面坐标);

(3) 会用重积分求一些几何量(平面图形的面积、空间立体的体积、曲面面积);

(4) 会用重积分求一些物理量(自学).

2. 重点内容

(1) 重积分计算;(2) 重积分的几何应用.

3. 难点内容

(1) 重积分计算方法;(2) 重积分在物理中的应用(自学).

§8.1 二重积分的定义

1. 二重积分概念

设 $f(x,y)$ 是有界闭区域 D 上的有界函数,$\iint_D f(x,y)\mathrm{d}\sigma = \lim_{\lambda \to 0} \sum_{i=1}^{n} f(\xi_i, \eta_i)\Delta\sigma_i$ 表示函数 $f(x,y)$ 在闭区域 D 上的二重积分,其中 λ 是各小闭区域的直径中的最大值,极限值 $\Delta\sigma_i$ 为第 i 个小闭区域面积,与 D 上小区域的划分、点 (ξ_i, η_i) 的选取无关.

注:如果二重积分 $\iint_D f(x,y)\mathrm{d}\sigma$ 存在,则称函数 $f(x,y)$ 在区域 D 上是可积的;如果函数 $f(x,y)$ 在区域 D 上连续,则 $f(x,y)$ 在区域 D 上是可积的.

2. 性质

(1) $\iint_D kf(x,y)\mathrm{d}\sigma = k\iint_D f(x,y)\mathrm{d}\sigma$ (k 为常数).

(2) $\iint_D [f(x,y) \pm g(x,y)]\mathrm{d}\sigma = \iint_D f(x,y)\mathrm{d}\sigma \pm \iint_D g(x,y)\mathrm{d}\sigma$.

(3) 积分可加性:$\iint_D f(x,y)\mathrm{d}\sigma = \iint_{D_1} f(x,y)\mathrm{d}\sigma + \iint_{D_2} f(x,y)\mathrm{d}\sigma$,其中 D_1、D_2 无共同区域.

(4) $\iint_D f(x,y)\mathrm{d}\sigma = \iint_D 1\cdot\mathrm{d}\sigma = \sigma$,其中 σ 为区域 D 的面积.

(5) 在区域 D 上,如果 $f(x,y) \leqslant g(x,y)$,则 $\iint_D f(x,y)\mathrm{d}\sigma \leqslant \iint_D g(x,y)\mathrm{d}\sigma$.

(6) 设 M、m 分别是 $f(x,y)$ 在有界闭区域 D 上的最大值和最小值,σ 为区域 D 的面积,则有不等式 $m\sigma \leqslant \iint_D f(x,y)\mathrm{d}\sigma \leqslant M\sigma$.

(7) 二重积分的中值定理:设函数 $f(x,y)$ 在有界闭区域 D 上连续,σ 是 D 的面积,则在 D 上至少存在一点 (ξ,η),使得 $\iint_D f(x,y)\mathrm{d}\sigma = f(\xi,\eta)\cdot\sigma$.

§8.2 二重积分的计算

1. x 型区域与 y 型区域

如果区域 D 是由曲线 $y=\varphi_1(x)$、$y=\varphi_2(x)$ 及直线 $x=a$、$x=b$ 所围成的,且垂直于 x 轴的直线 $x=x_0$ 至多与区域 D 的边界交于两点(垂直 x 轴的边界除外),则称 D 为 x 型区域,可表示为 $D=\{(x,y) \mid a\leqslant x\leqslant b, \varphi_1(x)\leqslant y\leqslant \varphi_2(x)\}$. y 型区域定义类似.

2. 对称性

(1) 若区域 D 关于 x 轴对称,D_1 为 D 在 x 轴上方 $(y\geqslant 0)$ 部分,则

$$\iint_D f(x,y)\mathrm{d}x\mathrm{d}y = \begin{cases} 2\iint_{D_1} f(x,y)\mathrm{d}x\mathrm{d}y, & f(x,y) \text{ 关于 } y \text{ 为偶函数}; \\ 0, & f(x,y) \text{ 关于 } y \text{ 为奇函数}. \end{cases}$$

区域 D 关于 y 轴对称的性质类似.

(2) 若区域 D 关于直线 $y=x$ 对称,则 $\iint_D f(x,y)\mathrm{d}x\mathrm{d}y = \iint_D f(y,x)\mathrm{d}x\mathrm{d}y$.

(3) 若区域 D_1、D_2 关于直线 $y=x$ 对称,则 $\iint_{D_1} f(x,y)\mathrm{d}x\mathrm{d}y = \iint_{D_2} f(y,x)\mathrm{d}x\mathrm{d}y$.

3. 二重积分的计算

直角坐标系:

$$\iint_D f(x,y)\mathrm{d}\sigma = \begin{cases} \int_a^b \mathrm{d}x \int_{\varphi_1(x)}^{\varphi_2(x)} f(x,y)\mathrm{d}y, & a\leqslant x\leqslant b, \varphi_1(x)\leqslant y\leqslant \varphi_2(x); \\ \int_c^d \mathrm{d}y \int_{\psi_1(y)}^{\psi_2(y)} f(x,y)\mathrm{d}x, & c\leqslant y\leqslant d, \psi_1(y)\leqslant x\leqslant \psi_2(y). \end{cases}$$

极坐标系:

$$\iint_D f(x,y)\mathrm{d}\sigma = \begin{cases} \int_\alpha^\beta \mathrm{d}\theta \int_{r_1(\theta)}^{r_2(\theta)} f(r\cos\theta, r\sin\theta) r\mathrm{d}r, & \alpha\leqslant\theta\leqslant\beta, r_1(\theta)\leqslant r\leqslant r_2(\theta); \\ \int_{r_1}^{r_2} \mathrm{d}r \int_{\theta_1(r)}^{\theta_2(r)} f(r\cos\theta, r\sin\theta) r\mathrm{d}\theta, & r_1\leqslant r\leqslant r_2, \theta_1(r)\leqslant\theta\leqslant\theta_2(r). \end{cases}$$

§8.3 三重积分

1. 三重积分概念

定义 设函数 $f(x,y,z)$ 在空间有界闭区域 Ω 上的三重积分,记为 $\iiint_\Omega f(x,y,z)\mathrm{d}v$,即 $\iiint_\Omega f(x,y,z)\mathrm{d}v = \lim\limits_{\lambda \to 0}\sum\limits_{k=1}^{n}f(\xi_k,\eta_k,\zeta_k)\Delta v_k$ 有定义,λ 表示小区域的最大直径,Δv_k 表示第 k 个小闭区域的体积. 三重积分与 Ω 的划分方法、点 (ξ_k,η_k,ζ_k) 的选取方法无关.

2. 对称性

(1) 若 Ω 关于 xOy 平面对称,Ω_1 为 Ω 在 xOy 平面上方的部分,则

$$\iiint_\Omega f(x,y,z)\mathrm{d}x\mathrm{d}y\mathrm{d}z = \begin{cases} 2\iiint_{\Omega_1} f(x,y,z)\mathrm{d}x\mathrm{d}y\mathrm{d}z, & f(x,y,z) \text{ 关于 } z \text{ 为偶函数}; \\ 0 & f(x,y,z) \text{ 关于 } z \text{ 为奇函数}. \end{cases}$$

(2) 若交换变量 x、y,若 Ω 的表达式不变,则 $\iiint_\Omega f(x,y,z)\mathrm{d}x\mathrm{d}y\mathrm{d}z = \iiint_\Omega f(y,x,z)\mathrm{d}x\mathrm{d}y\mathrm{d}z$.

巧妙使用对称性与奇偶性、轮换对称性,可以简化三重积分的计算.

3. 计算小贴士

直角坐标系:"先一后二",D_{xy} 为区域 Ω 在 xOy 面的投影区域;"先二后一",D_z 为坐标为 z 的平面截闭区域 Ω 所得截面,则

$$\iiint_\Omega f(x,y,z)\mathrm{d}x\mathrm{d}y\mathrm{d}z = \begin{cases} \iint_{D_{xy}}\left[\int_{z_1(x,y)}^{z_2(x,y)}f(x,y,z)\mathrm{d}z\right]\mathrm{d}x\mathrm{d}y; \\ \int_a^b \mathrm{d}z\iint_{D_z}f(x,y,z)\mathrm{d}x\mathrm{d}y. \end{cases}$$

柱面坐标系:$x = r\cos\theta, y = r\sin\theta, z = z$,则

$$\iiint_\Omega f(x,y,z)\mathrm{d}v = \iiint_\Omega f(\rho\cos\theta,\rho\sin\theta,z)\rho\mathrm{d}\rho\mathrm{d}\theta\mathrm{d}z.$$

球面坐标系:$x = r\sin\varphi\cos\theta, y = r\sin\varphi\sin\theta, z = r\cos\varphi$,则

$$\iiint_\Omega f(x,y,z)\mathrm{d}v = \iiint_\Omega F(r,\varphi,\theta)r^2\sin\varphi\mathrm{d}r\mathrm{d}\varphi\mathrm{d}\theta.$$

§8.4 重积分应用

1. 曲面的面积

设 D 为可求面积的平面有界区域,则其面积为

$$S = \begin{cases} \iint_{D_{xy}} \sqrt{1+f_x^2(x,y)+f_y^2(x,y)}\,\mathrm{d}x\mathrm{d}y, & z=f(x,y), \\ \iint_{D_{yz}} \sqrt{1+g_y^2(y,z)+g_z^2(y,z)}\,\mathrm{d}y\mathrm{d}z, & x=g(y,z), \\ \iint_{D_{xz}} \sqrt{1+h_x^2(x,z)+h_z^2(x,z)}\,\mathrm{d}x\mathrm{d}z, & y=h(x,z). \end{cases}$$

2. 质心(自学)

设空间物体占有空间 Ω,体密度是连续函数 $\rho(x,y,z)$,则质心坐标为

$$\bar{x} = \frac{\iiint_\Omega x\rho(x,y,z)\mathrm{d}x\mathrm{d}y\mathrm{d}z}{\iiint_\Omega \rho(x,y,z)\mathrm{d}x\mathrm{d}y\mathrm{d}z}, \quad \bar{y} = \frac{\iiint_\Omega y\rho(x,y,z)\mathrm{d}x\mathrm{d}y\mathrm{d}z}{\iiint_\Omega \rho(x,y,z)\mathrm{d}x\mathrm{d}y\mathrm{d}z}, \quad \bar{z} = \frac{\iiint_\Omega z\rho(x,y,z)\mathrm{d}x\mathrm{d}y\mathrm{d}z}{\iiint_\Omega \rho(x,y,z)\mathrm{d}x\mathrm{d}y\mathrm{d}z}.$$

3. 转动惯量(自学)

平面区域 D 上物体,面密度为连续函数 $\rho(x,y)$,其对 x、y 轴的转动惯量为

$$I_x = \iint_D y^2\rho(x,y)\mathrm{d}\sigma, \quad I_y = \iint_D x^2\rho(x,y)\mathrm{d}\sigma.$$

空间 Ω 上物体,其体密度 $\rho(x,y,z)$,则物体对三坐标轴的转动惯量分别为

$$I_x = \iiint_\Omega (y^2+z^2)\rho(x,y,z)\mathrm{d}x\mathrm{d}y\mathrm{d}z, \quad I_y = \iiint_\Omega (z^2+x^2)\rho(x,y,z)\mathrm{d}x\mathrm{d}y\mathrm{d}z,$$

$$I_z = \iiint_\Omega (x^2+y^2)\rho(x,y,z)\mathrm{d}x\mathrm{d}y\mathrm{d}z.$$

对 xOy、yOz、zOx 平面的转动惯量分别为

$$I_{xy} = \iiint_\Omega z^2\rho(x,y,z)\mathrm{d}x\mathrm{d}y\mathrm{d}z, \quad I_{yz} = \iiint_\Omega x^2\rho(x,y,z)\mathrm{d}x\mathrm{d}y\mathrm{d}z,$$

$$I_{zx} = \iiint_\Omega y^2\rho(x,y,z)\mathrm{d}x\mathrm{d}y\mathrm{d}z.$$

对原点的转动惯量为

$$I_{xyz} = \iiint_\Omega (x^2+y^2+z^2)\rho(x,y,z)\mathrm{d}x\mathrm{d}y\mathrm{d}z.$$

§8.1 二重积分的定义

1. 设 $D: |x|+|y| \leqslant 1$,则 $\iint_D 2\mathrm{d}\sigma = ($).

A. 1　　　　　B. $\dfrac{1}{2}$　　　　　C. 2　　　　　D. 4

2. 设 $D: 0 \leqslant x \leqslant 2, 0 \leqslant y \leqslant 2$,则二重积分 $I = \iint_D (2x+y-5)\mathrm{d}x\mathrm{d}y$ 满足( ).

A. $-5 \leqslant I \leqslant 1$　　B. $-3 \leqslant I \leqslant -1$　　C. $-20 \leqslant I \leqslant 4$　　D. $-12 \leqslant I \leqslant -10$

3. 设 $D: 0 \leqslant x \leqslant 1, 0 \leqslant y \leqslant 2$,则二重积分 $\iint_D (x-3y+7)\mathrm{d}x\mathrm{d}y$ 的估值范围为
( ).

A. $[3, 7]$　　　　B. $[1, 8]$　　　　C. $[10, 14]$　　　　D. $[2, 16]$

4. 设 $D: 0 \leqslant x \leqslant 1, 0 \leqslant y \leqslant 1$,则 $I_1 = \iint_D (x+y)\mathrm{d}\sigma$ 与 $I_2 = \iint_D (x^2+y^2)\mathrm{d}\sigma$ 之间的大小关系是_____.

5. 设 $D: (x-6)^2+(y+2)^2 \leqslant 4$,则 $\iint_D \mathrm{d}\sigma = $_____.

6. 设 a、b 为正数,积分区域 $D: 0 \leqslant x \leqslant 1, 0 \leqslant y \leqslant 1$,则二重积分 $\iint_D (ax+by)\mathrm{d}x\mathrm{d}y$ 的估值范围为_____.

7. 设 $D = \{(x, y) \mid x^2+y^2 \leqslant 1\}$,试比较三个积分的大小关系,并说明理由,其中

$I_1 = \iint_D \cos\sqrt{x^2+y^2}\mathrm{d}\sigma, \quad I_2 = \iint_D \cos(x^2+y^2)\mathrm{d}\sigma, \quad I_3 = \iint_D \cos(x^2+y^2)^2\mathrm{d}\sigma.$

8. 根据几何意义计算 $\iint_D \sqrt{1-x^2-y^2}\,d\sigma$，其中 $D: x^2+y^2 \leqslant 1$.

9. 设 D 为 $x^2+y^2 \leqslant r^2$，计算极限 $\lim\limits_{r \to 0} \dfrac{1}{\pi r^2} \iint_D e^{x^2-y^2} \cos(x+y)\,dx\,dy$.

10. 区域 $D: (x-2)^2+(y-2)^2 \leqslant 4$，试比较 $\iint_D (2x+y)\,d\sigma, \iint_D (2x+y)^2\,d\sigma$ 的大小关系.

§8.2 二重积分的计算

1. 设 $f(x, y)$ 为连续函数，则 $\int_0^a dx \int_0^x f(x, y) dy = ($ $)$.

A. $\int_0^a dy \int_0^y f(x, y) dx$

B. $\int_0^a dy \int_0^a f(x, y) dx$

C. $\int_0^a dy \int_a^y f(x, y) dx$

D. $\int_0^a dy \int_y^a f(x, y) dx$

2. 设 $f(x)$ 为连续函数，$F(t) = \int_1^t dy \int_y^t f(x) dx$，则 $F'(2) = ($ $)$.

A. $2f(2)$ B. $f(2)$ C. $-f(2)$ D. 0

3. 设 $D: x \geqslant 0, y \geqslant 0, x^2 + y^2 \leqslant 1$，则二重积分 $\iint_D x^2 y \, dx dy = ($ $)$.

A. 1 B. $\dfrac{1}{2}$ C. $\dfrac{1}{15}$ D. 2

4. 交换二次积分 $\int_0^2 dy \int_{\sqrt{2y}}^{\sqrt{8-y^2}} f(x, y) dx$ 的积分次序_____；

5. 设 $f(x, y)$ 连续，且 $f(x, y) = 2xy + \iint_D f(u, v) du dv$，其中 D 是由 $y = 0$、$y = x^2$、$x = 1$ 所围区域，则 $f(x, y) = $_____.

6. 设函数 $f(x, y)$ 连续，平面区域 D 关于 $y = x$ 对称，则 $\iint_D (f(x, y) - f(y, x)) dx dy = $_____.

7. $\iint_D (x + x^3 y^2) dx dy$ 的值为_____，其中 D 是半圆形区域：$x^2 + y^2 \leqslant 4$，$y \geqslant 0$.

8. 计算累次积分 $I = \int_{-1}^1 dx \int_{|x|}^1 x^2 e^{-y^2} dy$.

9. 设 $D = \{(x, y) \mid 1 \leqslant x^2 + y^2 \leqslant 4, x, y \geqslant 0\}$，计算二重积分
$$I = \iint_D \frac{(x+1)\sin(\pi(x^2+y^2))}{x+y+2} dxdy.$$

10. 求 $\iint_D (x + |y|) d\sigma$，其中区域 D 由曲线 $|x| + |y| = 1$ 所围.

11. 计算二重积分 $I = \iint_D \frac{xy}{\sqrt{1+y^3}} dxdy$，其中 $D: 0 \leqslant x \leqslant 1, x^2 \leqslant y \leqslant 1$.

12. 设 $f(x, y)$ 在区域 $D: 0 \leqslant x \leqslant 1, 0 \leqslant y \leqslant 1$ 上有定义，且可微，$f(0, 0) = 0$，求
$$\lim_{x \to 0^+} \frac{\int_0^{x^2} dt \int_{\sqrt{t}}^x f(t, u) du}{1 - e^{-\frac{x^3}{3}}}.$$

§8.3 三重积分

1. 设 Ω 为由平面 $x=2$、$x=3$、$y=0$、$y=2x$、$z=0$、$z=y$ 所围成的区域，$f(x,y,z)$ 在 Ω 上连续，则 $\iiint_\Omega f(x,y,z)\mathrm{d}v$ 在 Ω 上的三次积分为（　　）．

A. $\int_2^3 \mathrm{d}x \int_0^{2x} \mathrm{d}y \int_0^y f(x,y,z)\mathrm{d}z$ 　　B. $\int_2^3 \mathrm{d}x \int_0^{2x} \mathrm{d}y \int_0^{2x+y} f(x,y,z)\mathrm{d}z$

C. $\int_2^3 \mathrm{d}x \int_0^{2x+1} \mathrm{d}y \int_0^y f(x,y,z)\mathrm{d}z$ 　　D. $\int_1^3 \mathrm{d}x \int_0^{2x} \mathrm{d}y \int_0^y f(x,y,z)\mathrm{d}z$

2. Ω 是由 $x^2+y^2=2y$ 与 $z=0$、$z=1$ 所围区域，则 $\iiint_\Omega f(\sqrt{x^2+y^2},z)\mathrm{d}v=$（　　）．

A. $\int_{-\frac{\pi}{2}}^{\frac{\pi}{2}} \mathrm{d}\theta \int_0^{2\sin\theta} r\mathrm{d}r \int_0^1 f(r,z)\mathrm{d}z$ 　　B. $\int_0^\pi \mathrm{d}\theta \int_0^{2\sin\theta} r\mathrm{d}r \int_0^1 f(r,z)\mathrm{d}z$

C. $\int_{-\frac{\pi}{2}}^{\frac{\pi}{2}} \mathrm{d}\theta \int_0^{2\sin\theta} \mathrm{d}r \int_0^1 f(r,z)\mathrm{d}z$ 　　D. $\int_0^\pi \mathrm{d}\theta \int_0^{2\sin\theta} \mathrm{d}r \int_0^1 f(r,z)\mathrm{d}z$

3. 设 Ω 为 $x^2+y^2+z^2=1$ 所围成的区域，$f(u)$ 为连续函数，则三重积分

$$I = \iiint_\Omega \left(x^2 y + \frac{f(x^2+y^2+z^2)}{\sqrt{x^2+y^2+z^2}}\right)\mathrm{d}x\mathrm{d}y\mathrm{d}z = (\qquad).$$

A. $\pi + \int_0^{2\pi} \mathrm{d}\theta \int_0^\pi \sin\varphi\mathrm{d}\varphi \int_0^1 f(r^2) r\mathrm{d}r$ 　　B. $\int_0^{2\pi} \mathrm{d}\theta \int_0^\pi \sin\varphi\mathrm{d}\varphi \int_0^1 f(r^2) r\mathrm{d}r$

C. $\pi + \int_0^{2\pi} \mathrm{d}\theta \int_0^\pi \sin\varphi\mathrm{d}\varphi \int_0^1 f(r^2)\mathrm{d}r$ 　　D. $\int_0^{2\pi} \mathrm{d}\theta \int_0^\pi \sin\varphi\mathrm{d}\varphi \int_0^1 f(r^2)\mathrm{d}r$

4. 设 Ω 关于 xOy 面对称，其体积为 2，且函数 $f(x,y,z)$ 关于 z 是奇函数，则 $\iiint_\Omega (f(x,y,z)+3)\mathrm{d}v = \underline{\qquad}$．

5. 设 $f(u)$ 连续，且 $f(1)=1$，函数 $F(t)=\iiint_\Omega f(x^2+y^2)\mathrm{d}v$，区域 $\Omega: 0\leqslant z\leqslant h$，$x^2+y^2\leqslant t^2$，则 $\dfrac{\mathrm{d}F}{\mathrm{d}t}\Big|_{t=1} = \underline{\qquad}$．

6. 设 Ω 为由 $x^2+y^2+z^2=4$ 所围成的区域，则三重积分

$$I = \iiint_\Omega (xy + y^3 + xz + \sqrt{x^2+y^2+z^2})\mathrm{d}x\mathrm{d}y\mathrm{d}z = \underline{\qquad}.$$

7. 求 $I = \iiint_\Omega (x^2+y^2+1+xyz)\mathrm{d}v$，其中 Ω 是由曲线 $\begin{cases} z=1-x^2 \\ y=0 \end{cases}$ 绕 z 轴旋转一周而成的曲面与 $z=0$ 所围成的立体区域．

8. 计算 $I = \iiint_\Omega (z^2 + 5xy^2 \sin\sqrt{x^2+y^2})\mathrm{d}v$，其中 Ω 是由 $z = \dfrac{1}{2}(x^2+y^2)$、$z=1$、$z=4$ 所围成的区域.

9. $\iiint_\Omega (x^2+y^2)\mathrm{d}v$，其中 Ω 是由曲面 $2z = (x^2+y^2)$ 与平面 $z=2$ 所围成的区域.

10. 若 Ω 是球体 $x^2+y^2+z^2 \leqslant R^2$，$a$、$b$ 为常数，计算 $\iiint_\Omega (x^2+ay^2+bz^2)\mathrm{d}x\mathrm{d}y\mathrm{d}z$.

11. 求 $\iiint_\Omega (x+y)^2 z\,\mathrm{d}x\mathrm{d}y\mathrm{d}z$，其中 Ω 由 $z \geqslant x^2+y^2$ 与 $x^2+y^2+z^2 \leqslant 2$ 所确定.

12. 设函数 $f(x)$ 连续，且 $f(0)=a$，若 $F(t) = \iiint_\Omega [z+f(x^2+y^2+z^2)]\mathrm{d}v$，求 $\lim\limits_{t \to 0} \dfrac{F(t)}{t^3}$，其中 $\Omega: \sqrt{x^2+y^2} \leqslant z \leqslant \sqrt{t^2-x^2-y^2}$.

§8.4 重积分应用

1. 设 $I = \iint_D (xy^3 + 2)\mathrm{d}x\mathrm{d}y$ 的值，其中 $D: x^2 + y^2 \leqslant 4x$，则 $I = ($ 　　$)$.

A. 2π 　　　　　　B. 4π 　　　　　　C. 6π 　　　　　　D. 8π

2. 设锥面 $\Sigma: z = \sqrt{x^2 + y^2}$ $(z \leqslant \sqrt{2})$，则 $\iint_\Sigma \mathrm{d}S = ($ 　　$)$.

A. $\sqrt{2}\pi$ 　　　　B. 2π 　　　　C. $2\sqrt{2}\pi$ 　　　　D. $4\sqrt{2}\pi$

3. 平面区域 $D: \dfrac{x^2}{a^2} + \dfrac{y^2}{b^2} \leqslant 1$ $(a > 0, b > 0)$，则积分 $\iint_D (ax^5 + by^5 + c)\mathrm{d}x\mathrm{d}y$ 的值是 _____.

4. 计算三重积分 $\iiint_\Omega (x + z)\mathrm{d}v$，其中 Ω 为锥面 $z = \sqrt{x^2 + y^2}$ 与球面 $z = \sqrt{1 - x^2 - y^2}$ 所围成的闭区域.

5. 求曲面积分 $\iint_\Sigma z\mathrm{d}S$，其中 Σ 为 $z = \sqrt{x^2 + y^2}$ 在柱体 $x^2 + y^2 \leqslant 2y$ 内的部分.

6. 设 $f(x)$ 在区间 $[a, b]$ 上连续，证明 $\dfrac{1}{b-a}\int_a^b f(x)\mathrm{d}x \leqslant \sqrt{\dfrac{1}{b-a}\int_a^b f^2(x)\mathrm{d}x}$.

7. （自学）一薄片 D 由 $y \leqslant x \leqslant y^2$、$1 \leqslant y \leqslant \sqrt{3}$ 确定，其面密度为 $\rho(x, y) = \dfrac{y}{x^2 + y^2}$，求其质量.

第 9 章 曲线积分与曲面积分

1. 基本要求

(1) 了解两类曲线积分的概念,了解两类曲线积分的性质及两类曲线积分的关系;
(2) 掌握两类曲线积分的计算方法;
(3) 掌握格林公式,会使用平面曲线积分与路径无关的条件,会求全微分的原函数;
(4) 了解两类曲面积分的概念,了解两类曲面积分的性质及两类曲面积分的关系;
(5) 掌握两类曲面积分的计算方法;
(6) 掌握高斯公式.

2. 重点内容

(1) 曲线积分、曲面积分计算;(2) 格林公式、平面曲线积分与路径无关的条件、求全微分的原函数;(3) 高斯公式.

3. 难点内容

(1) 两类曲线积分的关系;(2) 两类曲面积分的关系;(3) 斯托克斯公式.

§9.1 对弧长的曲线积分

1. 对弧长的曲线积分概念

光滑的曲线弧 L 上对弧长的曲线积分(或第一类曲线积分),记作 $\int_L f(x,y)\mathrm{d}s$,表示和式 $\sum_{i=1}^{n} f(\xi_i,\eta_i)\Delta s_i$ 的极限,其中曲线弧 L 被任意分为 n 段,且各小弧段长度的最大值趋于 0,(ξ_i,η_i) 为第 i 个小段上的任意一点,Δs_i 表示第 i 个小弧段的长度.

2. 性质

(1) $\int_L [c_1 f(x,y) + c_2 g(x,y)]\mathrm{d}s = c_1 \int_L f(x,y)\mathrm{d}s + c_2 \int_L g(x,y)\mathrm{d}s$,$c_1$、$c_2$ 为常数.

(2) 弧段可加性:若积分曲线弧 L 可分成两段无公共弧段的光滑曲线弧 L_1 和 L_2,则

$$\int_L f(x,y)\mathrm{d}s = \int_{L_1} f(x,y)\mathrm{d}s + \int_{L_2} f(x,y)\mathrm{d}s.$$

3. 对弧长的曲线积分的计算（直接代入法）

设 $f(x,y)$ 在曲线弧 L 上有定义且连续，L 的参数方程为
$$x=\varphi(t), y=\psi(t), \alpha \leqslant t \leqslant \beta,$$
式中：$\varphi(t)$、$\psi(t)$ 在 $[\alpha,\beta]$ 上具有一阶连续导数，且 $\varphi'^2(t)+\psi'^2(t)\neq 0$. 此时，曲线积分 $\int_L f(x,y)\mathrm{d}s$ 存在，且 $\int_L f(x,y)\mathrm{d}s=\int_\alpha^\beta f[\varphi(t),\psi(t)]\sqrt{\varphi'^2(t)+\psi'^2(t)}\,\mathrm{d}t \ (\alpha<\beta)$.

对平面曲线的其他描述方法，基本也是通过上述结果进行变形. 计算时，被积函数要代入曲线表达式，保证积分下限要小于上限，需要注意的差异就是弧长元素 $\mathrm{d}s$ 的表达：

$$\mathrm{d}s=\begin{cases}\sqrt{1+y'^2(x)}\,\mathrm{d}x, & y=y(x),\\ \sqrt{1+x'^2(y)}\,\mathrm{d}y, & x=x(y),\\ \sqrt{r^2(\theta)+r'^2(\theta)}\,\mathrm{d}\theta, & r=r(\theta).\end{cases}$$

对于用参数方程表示的空间曲线 Γ，$\int_\Gamma f(x,y,z)\mathrm{d}s$ 的计算技巧类似.

4. 计算小贴士

(1) 当被积函数为 1 时，$\int_L f(x,y)\mathrm{d}s$ 几何上表示曲线弧 L 的弧长.

(2) 巧妙使用对称性与奇偶性、轮换对称性简化计算. 对称性与奇偶性、轮换对称性的判断与二重积分判断方法类似，唯一的不同点就是区域的对称性换成平面曲线的对称性.

§9.2 对坐标的曲线积分

1. 对坐标的曲线积分概念

函数 $P(x,y)$ 在有向曲线弧 L 上对坐标 x 的曲线积分，记作 $\int_L P(x,y)\mathrm{d}x$，表示和式 $\sum_{i=1}^n P(\xi_i,\eta_i)\Delta x_i$ 的极限，其中 L 以任意一种方案被分割成 n 个有向小弧段，且分割细度趋于 0；(ξ_i,η_i) 是第 i 个有向小弧段上任取的点，$\Delta x_i=x_i-x_{i-1}$ 为相邻两节点的横坐标之差，分割细度是指各小弧段长度的最大值. 类似可定义函数 $Q(x,y)$ 在有向曲线弧 L 上对坐标 y 的曲线积分，记作 $\int_L Q(x,y)\mathrm{d}y$.

$\int_L P(x,y)\mathrm{d}x$ 与 $\int_L Q(x,y)\mathrm{d}y$ 称为对坐标的曲线积分或第二类曲线积分.

为方便起见，记 $\int_L P(x,y)\mathrm{d}x+\int_L Q(x,y)\mathrm{d}y$ 为 $\int_L P(x,y)\mathrm{d}x+Q(x,y)\mathrm{d}y$，同时也可记成 $\int_L \boldsymbol{F}(x,y)\cdot\mathrm{d}\boldsymbol{r}$，其中 $\boldsymbol{F}=(P,Q)$，$\mathrm{d}\boldsymbol{r}=(\mathrm{d}x,\mathrm{d}y)$.

类似可推广到沿空间曲线 Γ 对坐标的曲线积分. 有兴趣的同学可参考教材上的

描述.

2. 性质

(1) 设 c_1、c_2 为常数,则

$$\int_L [c_1 \boldsymbol{F}(x,y) + c_2 \boldsymbol{G}(x,y)] \cdot \mathrm{d}\boldsymbol{r} = c_1 \int_L \boldsymbol{F}(x,y) \cdot \mathrm{d}\boldsymbol{r} + c_2 \int_L \boldsymbol{G}(x,y) \cdot \mathrm{d}\boldsymbol{r}.$$

(2) 若有向曲线弧段 L 可分成两段无公共弧段的光滑有向曲线弧 L_1 和 L_2,则

$$\int_L \boldsymbol{F}(x,y) \cdot \mathrm{d}\boldsymbol{r} = \int_{L_1} \boldsymbol{F}(x,y) \cdot \mathrm{d}\boldsymbol{r} + \int_{L_2} \boldsymbol{F}(x,y) \cdot \mathrm{d}\boldsymbol{r}.$$

(3) 设 L 是有向光滑曲线弧,L^- 是 L 的反向曲线弧,则

$$\int_{L^-} \boldsymbol{F}(x,y) \cdot \mathrm{d}\boldsymbol{r} = -\int_L \boldsymbol{F}(x,y) \cdot \mathrm{d}\boldsymbol{r}.$$

3. 对坐标的曲线积分的计算(直接代入法)

设有向光滑曲线 L 的参数方程是 $\begin{cases} x = \varphi(t), \\ y = \psi(t), \end{cases}$ 起终点对应的参数分别为 α、β,且 $\varphi(t)$、$\psi(t)$ 在起终点对应的区间上具有一阶连续导数,并满足 $\varphi'^2(t) + \psi'^2(t) \neq 0$. 若 $P(x,y)$、$Q(x,y)$ 在 L 上连续函数,则

$$\int_L P(x,y)\mathrm{d}x + Q(x,y)\mathrm{d}y = \int_\alpha^\beta [P(\varphi(t),\psi(t))\varphi'(t) + Q(\varphi(t),\psi(t))\psi'(t)]\mathrm{d}t.$$

如果曲线是用参数方程描述的空间曲线,也可以通过类似的代入法计算.

4. 两类曲线积分之间的联系

平面有向曲线 L 上两类曲线积分之间关系为

$$\int_L P(x,y)\mathrm{d}x + Q(x,y)\mathrm{d}y = \int_L [P(x,y)\cos\alpha + Q(x,y)\cos\beta]\mathrm{d}s,$$

式中:α、β 为有向曲线 L 在点 (x,y) 处的切向量的方向角.

5. 计算小贴士

(1) 对坐标的曲线积分在用代入法时,积分的下限要对应有向曲线起点对应的参数,上限要对应有向曲线终点对应的参数.

(2) 对坐标的曲线积分的对称性与奇偶性比较复杂,通常的"奇零偶倍"原则不一定适用,有时对坐标的曲线积分遵循"偶零奇倍"原则. 一般来说:① 积分曲线关于其坐标元素异名变元的坐标轴对称,而被积函数是坐标元素对应变元的奇函数,则其积分值为 0;② 积分曲线关于其坐标元素同名变元的坐标轴对称,而被积函数又是另一变元的偶函数,则其积分值为 0.

§9.3 格林公式及其应用

1. 格林公式成立的三要素

设闭区域 D 由分段光滑的曲线 L 围成,函数 $P(x,y)$ 及 $Q(x,y)$ 在 D 上具有一阶连续偏导数,则有格林公式

$$\iint_D \left(\frac{\partial Q}{\partial x} - \frac{\partial P}{\partial y}\right) dx dy = \oint_L P dx + Q dy,$$

式中：L 是 D 的取正向的边界曲线.

2. 平面上曲线积分与路径无关的条件

设 G 是一个单连通域,函数 $P(x,y)$ 及 $Q(x,y)$ 在 G 内具有一阶连续偏导数,则曲线积分 $\int_L P dx + Q dy$ 在 G 内与路径无关(或沿 G 内任意闭曲线的曲线积分为 0)的充分必要条件是等式 $\dfrac{\partial P}{\partial y} = \dfrac{\partial Q}{\partial x}$ 在 G 内恒成立.

3. 二元函数的全微分求积

设 G 是一个单连通域,函数 $P(x,y)$ 及 $Q(x,y)$ 在 G 内具有一阶连续偏导数,则 $P(x,y)dx + Q(x,y)dy$ 在 G 内为某一函数 $u(x,y)$ 的全微分的充分必要条件是等式 $\dfrac{\partial P}{\partial y} = \dfrac{\partial Q}{\partial x}$ 在 G 内恒成立.

§9.4 对面积的曲面积分

1. 对面积的曲面积分概念

设函数 $f(x,y,z)$ 在光滑曲面 Σ 上有界,$f(x,y,z)$ 在 Σ 上对面积的曲面积分或第一类曲面积分,记作 $\iint_\Sigma f(x,y,z) dS$,表示和式 $\sum_{i=1}^{n} f(\xi_i, \eta_i, \zeta_i) \Delta S_i$ 的极限. 这里 dS 表示面积元素,ΔS_i 表示曲面被分成 n 块后第 i 块小曲面的面积,(ξ_i, η_i, ζ_i) 表示第 i 块小曲面上的任一点,细度表示各小块曲面的直径的最大值.

2. 性质

(1) 设 c_1、c_2 为常数,则

$$\iint_\Sigma [c_1 f(x,y,z) + c_2 g(x,y,z)] dS = c_1 \iint_\Sigma f(x,y,z) dS + c_2 \iint_\Sigma g(x,y,z) dS.$$

(2) 若曲面 Σ 可分成两片无公共内点的光滑曲面 Σ_1 与 Σ_2 之和,则

$$\iint_\Sigma f(x,y,z)\mathrm{d}S = \iint_{\Sigma_1} f(x,y,z)\mathrm{d}S + \iint_{\Sigma_2} f(x,y,z)\mathrm{d}S.$$

3. 对面积的曲面积分的计算（投影代入法）

设光滑曲面 Σ 由方程 $z=z(x,y)$ 给出，Σ 在 xOy 面上的投影区域为 D_{xy}，则

$$\iint_\Sigma f(x,y,z)\mathrm{d}S = \iint_{D_{xy}} f(x,y,z(x,y))\sqrt{1+z_x^2(x,y)+z_y^2(x,y)}\,\mathrm{d}x\mathrm{d}y.$$

类似可计算 $\iint_\Sigma f(x,y,z)\mathrm{d}S$ 和 $\iint_\Sigma f(x,y,z)\mathrm{d}S$.

4. 计算小贴士

(1) $\iint_\Sigma \mathrm{d}S = A$，其中 A 为曲面 Σ 的面积.

(2) 面积元素特殊值：$\mathrm{d}S = \begin{cases} \sqrt{2}, & z=\sqrt{x^2+y^2}, \\ \dfrac{R}{\sqrt{R^2-x^2-y^2}}, & z=\sqrt{R^2-x^2-y^2}. \end{cases}$

(3) 巧妙使用对称性与奇偶性、轮换对称性简化计算. 对称性与奇偶性判断和三重积分判断方法类似，遵循"奇零偶倍"原则：若曲面关于某坐标平面对称，而被积函数是另一变元的奇函数，则其积分值为 0.

轮换对称性是指，当曲面方程中的变量 (x,y,z) 按轮换次序换成 (y,z,x) 或 (z,x,y) 时，曲面方程不变，那么被积式按照同样的轮换方式替换变量，积分值不变.

§9.5 对坐标的曲面积分

1. 对坐标的曲面积分概念

函数 $R(x,y,z)$ 在有向曲面 Σ 上对坐标 x、y 的曲面积分，记作 $\iint_\Sigma R(x,y,z)\mathrm{d}x\mathrm{d}y$，表示曲面被分成 n 块后，分割细度趋于 0 时，和式 $\sum_{i=1}^{n} R(\xi_i,\eta_i,\zeta_i)(\Delta S_i)_{xy}$ 的极限. 这里 ΔS_i 同时也代表第 i 小块曲面的面积，(ξ_i,η_i,ζ_i) 代表其上任意取定的一点，$(\Delta S_i)_{xy}$ 表示 ΔS_i 在 xOy 面上的投影. 类似可定义函数 $P(x,y,z)$ 在有向曲面 Σ 上对坐标 y、z 的曲面积分 $\iint_\Sigma P(x,y,z)\mathrm{d}y\mathrm{d}z$，以及函数 $Q(x,y,z)$ 在有向曲面 Σ 上对坐标 x、z 的曲面积分 $\iint_\Sigma Q(x,y,z)\mathrm{d}z\mathrm{d}x$. 以上三个曲面积分也称为第二类曲面积分.

通常上述三种对坐标的曲面积分之和可简记为

$$\iint_\Sigma P(x,y,z)\mathrm{d}y\mathrm{d}z + Q(x,y,z)\mathrm{d}z\mathrm{d}x + R(x,y,z)\mathrm{d}x\mathrm{d}y.$$

2. 性质

(1) 如果把有向曲面 Σ 分成无公共区域的 Σ_1 和 Σ_2，则

$$\iint_{\Sigma} P\mathrm{d}y\mathrm{d}z + Q\mathrm{d}z\mathrm{d}x + R\mathrm{d}x\mathrm{d}y = \iint_{\Sigma_1} P\mathrm{d}y\mathrm{d}z + Q\mathrm{d}z\mathrm{d}x + R\mathrm{d}x\mathrm{d}y \\ + \iint_{\Sigma_2} P\mathrm{d}y\mathrm{d}z + Q\mathrm{d}z\mathrm{d}x + R\mathrm{d}x\mathrm{d}y.$$

(2) 设 Σ 是有向曲面，Σ^- 表示与 Σ 取相反侧的有向曲面，则

$$\iint_{\Sigma^-} P\mathrm{d}y\mathrm{d}z + Q\mathrm{d}z\mathrm{d}x + R\mathrm{d}x\mathrm{d}y = -\iint_{\Sigma} P\mathrm{d}y\mathrm{d}z + Q\mathrm{d}z\mathrm{d}x + R\mathrm{d}x\mathrm{d}y.$$

3. 对坐标的曲面积分的计算

(1) 直接代入法：若要计算 $\iint_{\Sigma} R(x,y,z)\mathrm{d}x\mathrm{d}y$，$D_{xy}$ 表示将 Σ 投影到 xOy 面上的投影区域，则

$$\iint_{\Sigma} R(x,y,z)\mathrm{d}x\mathrm{d}y = \pm \iint_{D_{xy}} R[x,y,z(x,y)]\mathrm{d}x\mathrm{d}y,$$

式中：当 Σ 取上侧时，积分前的符号取"$+$"；当 Σ 取下侧时，积分前的符号取"$-$".

在将 $\iint_{\Sigma} P(x,y,z)\mathrm{d}y\mathrm{d}z$ 转为二重积分时，需将曲面 Σ 视为 $x=x(y,z)$ 型，并将曲面投影到 yOz 平面. 被积函数中的 x 用 $x(y,z)$ 代入，且前侧曲面对应符号"$+$"，后侧取符号"$-$". 关于 $\iint_{\Sigma} Q(x,y,z)\mathrm{d}z\mathrm{d}x$ 的计算，可根据 Σ 指向的左右侧来确定符号，并转为二重积分计算.

(2) 利用两类曲面积分之间的联系：

$$\iint_{\Sigma} P\mathrm{d}y\mathrm{d}z + Q\mathrm{d}z\mathrm{d}x + R\mathrm{d}x\mathrm{d}y = \iint_{\Sigma} (P\cos\alpha + Q\cos\beta + R\cos\gamma)\mathrm{d}S,$$

式中：$\cos\alpha$、$\cos\beta$、$\cos\gamma$ 是有向曲面 Σ 上点 (x,y,z) 处的法向量的方向余弦.

4. 计算小贴士

(1) 对坐标的曲面积分所满足的对称性与奇偶性，若积分曲面关于其面积元素两个同名变元的坐标平面对称，而被积函数又是另一变元的奇函数，则其积分值为 0.

(2) 轮换对称性：积分曲面及其指定侧具有轮换性，意指曲面在各个坐标面的投影区域相同，且配给的符号也相同；被积表示式具有轮换对称性，即被积表达式中的变量 (x,y,z) 按轮换次序换成 (y,z,x) 或 (z,x,y)，被积式不变.

§9.6 高斯公式、通量与散度

1. 高斯公式的三要素

设空间闭区域 Ω 由分片光滑的闭曲面 Σ 所围成，函数 $P(x,y,z)$、$Q(x,y,z)$、

$R(x,y,z)$ 在 Ω 上具有一阶连续的偏导数,则有高斯公式

$$\iiint_\Omega \left(\frac{\partial P}{\partial x}+\frac{\partial Q}{\partial y}+\frac{\partial R}{\partial z}\right)\mathrm{d}v = \oiint_\Sigma P\mathrm{d}y\mathrm{d}z + Q\mathrm{d}z\mathrm{d}x + R\mathrm{d}x\mathrm{d}y,$$

或
$$\iiint_\Omega \left(\frac{\partial P}{\partial x}+\frac{\partial Q}{\partial y}+\frac{\partial R}{\partial z}\right)\mathrm{d}v = \oiint_\Sigma (P\cos\alpha + Q\cos\beta + R\cos\gamma)\mathrm{d}S,$$

式中:Σ 是 Ω 边界曲面的外侧;$\cos\alpha$、$\cos\beta$、$\cos\gamma$ 是 Σ 上点 (x,y,z) 处外侧法向量的方向余弦.

2. 通量与散度

设某向量场 $\bm{A}(x,y,z)=P(x,y,z)\bm{i}+Q(x,y,z)\bm{j}+R(x,y,z)\bm{k}$,则 $\bm{A}$ 通过曲面 Σ 向着指定侧的通量为 $\iint_\Sigma \bm{A}\cdot\bm{n}\mathrm{d}S$. $\bm{A}(x,y,z)$ 的散度为 $\mathrm{div}\,\bm{A}=\dfrac{\partial P}{\partial x}+\dfrac{\partial Q}{\partial y}+\dfrac{\partial R}{\partial z}$.

§9.7 斯托克斯公式、环流量与旋度

1. 斯托克斯公式

斯托克斯公式给出了沿空间有向闭曲线的积分和相应对坐标曲面积分的关系,即

$$\oint_\Gamma P\mathrm{d}x + Q\mathrm{d}y + R\mathrm{d}z = \iint_\Sigma \left(\frac{\partial R}{\partial y}-\frac{\partial Q}{\partial z}\right)\mathrm{d}y\mathrm{d}z + \left(\frac{\partial P}{\partial z}-\frac{\partial R}{\partial x}\right)\mathrm{d}z\mathrm{d}x + \left(\frac{\partial Q}{\partial x}-\frac{\partial P}{\partial y}\right)\mathrm{d}x\mathrm{d}y,$$

式中:Γ 为分段光滑的空间有向闭曲线;Σ 是以 Γ 为边界的分片光滑的有向曲面;Γ 的方向与 Σ 的侧向符合右手规则;函数 $P(x,y,z)$、$Q(x,y,z)$、$R(x,y,z)$ 在曲面 Σ(连同边界 Γ)上具有一阶连续偏导数. 斯托克斯公式也可表示为

$$\oint_\Gamma P\mathrm{d}x + Q\mathrm{d}y + R\mathrm{d}z = \iint_\Sigma \begin{vmatrix} \mathrm{d}y\mathrm{d}z & \mathrm{d}z\mathrm{d}x & \mathrm{d}x\mathrm{d}y \\ \dfrac{\partial}{\partial x} & \dfrac{\partial}{\partial y} & \dfrac{\partial}{\partial z} \\ P & Q & R \end{vmatrix} = \iint_\Sigma \begin{vmatrix} \cos\alpha & \cos\beta & \cos\gamma \\ \dfrac{\partial}{\partial x} & \dfrac{\partial}{\partial y} & \dfrac{\partial}{\partial z} \\ P & Q & R \end{vmatrix}\mathrm{d}S,$$

式中:$\bm{n}=(\cos\alpha,\cos\beta,\cos\gamma)$ 为有向曲面 Σ 的单位法向量.

2. 空间曲线积分与路径无关的条件

设 G 是空间一维单连通域,函数 $P(x,y,z)$、$Q(x,y,z)$、$R(x,y,z)$ 在 G 内具有一阶连续偏导数,则空间曲线积分 $\int_\Gamma P\mathrm{d}x + Q\mathrm{d}y + R\mathrm{d}z$ 在 G 内与路径无关(或沿 G 内任意闭曲线的曲线积分为零)的充分条件是等式

$$\frac{\partial P}{\partial y}=\frac{\partial Q}{\partial x},\ \frac{\partial Q}{\partial z}=\frac{\partial R}{\partial y},\ \frac{\partial R}{\partial x}=\frac{\partial P}{\partial z}$$

在 G 内恒成立.

3. 环流量与旋度

设有向量场 $\boldsymbol{A}(x, y, z) = P\boldsymbol{i} + Q\boldsymbol{j} + R\boldsymbol{k}$，$\boldsymbol{A}$ 的旋度为

$$\mathbf{rot}\,\boldsymbol{A} = \left(\frac{\partial R}{\partial y} - \frac{\partial Q}{\partial z}\right)\boldsymbol{i} + \left(\frac{\partial P}{\partial z} - \frac{\partial R}{\partial x}\right)\boldsymbol{j} + \left(\frac{\partial Q}{\partial x} - \frac{\partial P}{\partial y}\right)\boldsymbol{k}.$$

沿有向闭曲线 Γ 的环流量为曲线积分

$$\oint_{\Gamma} P\,\mathrm{d}x + Q\,\mathrm{d}y + R\,\mathrm{d}z = \oint_{\Gamma} \boldsymbol{A}_{\tau}\,\mathrm{d}s,$$

其中 τ 为 Γ 在 (x, y, z) 的单位切向量.

本章习题

§9.1 对弧长的曲线积分

1. 设 C 为 $y=x^2$ 上点 $O(0,0)$ 到 $B(1,1)$ 的一段弧，则 $I=\int_C \sqrt{y}\,\mathrm{d}s=(\quad)$.

A. $\int_0^1 \sqrt{1+4x^2}\,\mathrm{d}x$ \qquad B. $\int_0^1 \sqrt{y}\sqrt{1+y}\,\mathrm{d}y$

C. $\int_0^1 x\sqrt{1+4x^2}\,\mathrm{d}x$ \qquad D. $\int_0^1 \sqrt{y}\sqrt{1+\dfrac{1}{y}}\,\mathrm{d}y$

2. 设 L 为圆周 $x^2+y^2=a^2 (a>0)$，则第一类曲线积分 $\oint_L (\mathrm{e}^{\sqrt{x^2+y^2}}+x)\,\mathrm{d}s=(\quad)$.

A. $2\pi a\mathrm{e}^a$ \qquad B. $2\pi \mathrm{e}^a$ \qquad C. $2a\mathrm{e}^a$ \qquad D. $2\pi a$

3. 设曲线 $\Gamma:\begin{cases} x^2+y^2+z^2=5, \\ z=1, \end{cases}$ 则 $\oint_\Gamma \dfrac{\mathrm{d}s}{x^2+y^2+z^2}=(\quad)$.

A. $\dfrac{3}{4}\pi$ \qquad B. $\dfrac{4}{5}\pi$ \qquad C. $\dfrac{4}{3}\pi$ \qquad D. $\dfrac{5}{4}\pi$

4. L 为圆周 $x=2\cos t$、$y=2\sin t (0\leqslant t\leqslant 2\pi)$，则积分 $\oint_L ((x^2+y^2)^3+10)\,\mathrm{d}s=$ _____.

5. 设光滑曲线 $L:y=f(x)(0\leqslant x\leqslant 1)$，则 $\int_L \dfrac{y-f(x)+2}{\sqrt{1+(f'(x))^2}}\,\mathrm{d}s=$ _____.

6. 设 L 为圆周 $(x-1)^2+y^2=1$，则第一类曲线积分 $\oint_L (\cos(x^2+y^2-2x)+\sin y)\,\mathrm{d}s=$ _____.

7. 计算曲线积分 $\oint_L (x^2+y^2)\,\mathrm{d}s$，其中 L 是圆周 $x^2+y^2=ax\ (a>0)$.

8. 设曲线 C 方程为 $\begin{cases} x^2+y^2+z^2=1, \\ x+y+z=0, \end{cases}$ 求第一类曲线积分 $I=\int_C (xy+yz+zx)\mathrm{d}s$.

9. 设曲线 C 方程为 $\begin{cases} x^2+y^2+z^2=4, \\ x+y+z=0, \end{cases}$ 求第一类曲线积分 $I=\int_C xy\,\mathrm{d}s$.

10. 设曲线 C 方程为 $\begin{cases} (x-1)^2+(y+1)^2+z^2=a^2, \\ x+y+z=0, \end{cases}$ 求第一类曲线积分 $I=\oint_C x^2 \mathrm{d}s$.

11. 设曲线 C 方程为 $\begin{cases} x^2+y^2+z^2=\dfrac{9}{2}, \\ x+z=1, \end{cases}$ 求第一类曲线积分 $I=\int_C (x^2+y^2+z^2)\mathrm{d}s$.

12. 设曲线 $y=\dfrac{2x\sqrt{x}}{3}$ 在每一点处的线密度 ρ 与该点到原点的弧长 s 成正比(比例常数为常值 k),试求曲线在点 $(0,0)$ 和点 $\left(4,\dfrac{16}{3}\right)$ 之间这一段的质量.

§9.2 对坐标的曲线积分

1. 设 L 为从点 $A(0,0)$ 到点 $B(1,1)$ 的有向线段,则对坐标的曲线积分 $\int_{AB} \dfrac{\mathrm{d}x + \mathrm{d}y}{y - x + 1} = ($ $)$.

A. 1　　　　　B. 2　　　　　C. 3　　　　　D. 4

2. 设 L 为 $y = x^2$ 从点 $A(0,0)$ 到点 $B(1,1)$ 的有向曲线段,则对坐标的曲线积分 $\int_L \dfrac{(1 - 2x)\mathrm{d}x + \mathrm{d}y}{y - x^2 + 1} = ($ $)$.

A. 4　　　　　B. 3　　　　　C. 2　　　　　D. 1

3. 设 L 为 $x^2 + y^2 + z^2 = 1$ 被平面 $z = \dfrac{\sqrt{3}}{2}$ 所截曲线,从 z 轴正向看,方向为逆时针方向,则对坐标的曲线积分 $\int_L -2y\mathrm{d}x + 2x\mathrm{d}y + 3\mathrm{d}z = ($ $)$.

A. 4π　　　　B. 3π　　　　C. 2π　　　　D. π

4. 设 L 为从点 $A(1,0)$ 到点 $B(0,1)$ 的有向线段,则 $\int_L (x + y)\mathrm{d}x = $ ＿＿＿＿＿＿.

5. 设 Γ 是从点 $A(1,2,3)$ 到点 $B(0,0,0)$ 的有向直线段 AB,则 $\int_\Gamma (4x^2\mathrm{d}x + y^2\mathrm{d}y + 4z^2\mathrm{d}z) = $ ＿＿＿＿＿＿.

6. 设 L 是抛物线 $y = x^2$ 从点 $(0,0)$ 到点 $(1,1)$ 的一段弧,则对坐标的曲线积分 $\int_L (3x + y)\mathrm{d}x + (3y + x)\mathrm{d}y = $ ＿＿＿＿＿＿.

7. 过点 $O(0,0)$ 和点 $A(1,a)$ 的曲线族 $y = ax^2 (a < 0)$ 中,求一条曲线 L,使沿该曲线从点 O 到点 A 的积分 $I = \int_L 2(1 + 7y^3)\mathrm{d}x + (4y - 3x)\mathrm{d}y$ 的值最大.

8. 设在过点 $A\left(\dfrac{\pi}{2}, 0\right)$、$B\left(\dfrac{3\pi}{2}, 0\right)$ 的曲线族 $y = k\cos x (k > 0)$ 中,求 k,使得沿该曲线 L 从点 A 到点 B 的积分 $\int_L (1 + y^3)\mathrm{d}x + (2x + y)\mathrm{d}y$ 的值最大.

9. 设有向曲线 L 方程为 $\begin{cases} x = a\cos t, \\ y = a\sin t, \\ z = at, \end{cases} t: 0 \to 1, a \neq 0$,问 a 为何值时,$I(a) = \int_L (y\mathrm{d}x - x\mathrm{d}y + z^2\mathrm{d}z)$ 取极小值.

10. 设有向曲线 $\Gamma: \begin{cases} x^2 + y^2 = 1, \\ x - y + z = 2, \end{cases}$ 且从 z 轴正向看为顺时针方向,求 $I = \int_\Gamma (z - y)\mathrm{d}x + (x - z)\mathrm{d}y + (x - y)\mathrm{d}z$.

11. 设 L 是柱面方程 $x^2 + y^2 = 1$ 与平面 $z = x + y$ 的交线,从 z 轴正向往 z 轴负向看去为逆时针方向,求曲线积分 $I = \oint_L y\mathrm{d}x - x\mathrm{d}y + z\mathrm{d}z$.

12. 设 Γ 是圆周 $\begin{cases} x^2 + y^2 + z^2 = 1, \\ y - z = 0, \end{cases}$ 从 z 轴正向看 Γ 为逆时针方向,计算曲线积分 $\oint_\Gamma xyz\mathrm{d}z$.

§9.3 格林公式及其应用

1. 设 L 为有界闭区域 D 的边界曲线,且 $f(x,y)$ 为 D 上具有二阶连续偏导数,则根据格林公式有 $\int_L f'_x \mathrm{d}x + f'_y \mathrm{d}y = (\quad)$.

A. $\iint_D (f''_{xx} - f''_{yy}) \mathrm{d}x \mathrm{d}y$
B. $\iint_D (f''_{xx} + f''_{yy}) \mathrm{d}x \mathrm{d}y$

C. 0
D. $\iint_D 2 f''_{xy} \mathrm{d}x \mathrm{d}y$

2. 设 $L: \dfrac{(x-4)^2}{9} + y^2 = 1$,且方向为逆时针方向,其包含的区域为 D. 如果 $f(u)$ 在 D 上的具有连续导函数,则 $\oint_L (xf(x^2+y^2) - y)\mathrm{d}x + (yf(x^2+y^2) + x)\mathrm{d}y = (\quad)$.

A. 3π B. 4π C. 8π D. 6π

3. 设 L 为起点是 A,终点是 B 的有向曲线,则下列曲线积分中与路径无关的选项是 ( ).

A. $\int_L (x^2 - 2y)\mathrm{d}x + (2x + y^2\sin y)\mathrm{d}y$

B. $\int_L (x^2 + 2y)\mathrm{d}x + (2x + y^2\sin y)\mathrm{d}y$

C. $\int_L (x - 2y)\mathrm{d}x + (2x + y^2\sin y)\mathrm{d}y$

D. $\int_L (x^2 - 2y)\mathrm{d}x + (2x + y\sin y)\mathrm{d}y$

4. 曲线 L 为椭圆 $x^2 + \dfrac{y^2}{4} = \dfrac{1}{4}$,并取正向,则 $\oint_L \dfrac{-y\mathrm{d}x + x\mathrm{d}y}{4x^2 + y^2} = $ _____.

5. L 表示沿逆时针绕 $x^2 + y^2 = 1$ 旋转一周,则 $\oint_L \dfrac{x\mathrm{d}y - y\mathrm{d}x}{x^2 + y^2} = $ _____.

6. 曲线 $L: \dfrac{x^2}{4} + \dfrac{y^2}{9} = 1$ 取正向,则 $\oint_L (x+y)\mathrm{d}x + (2x+y)\mathrm{d}y = $ _____.

7. 计算 $I = \int_L (e^x \sin y - 2x - 2y)\mathrm{d}x + (e^x \cos y - x)\mathrm{d}y$,其中 L 为从点 $A(2,0)$ 沿曲线 $y = \sqrt{2x - x^2}$ 到点 $O(0,0)$ 的一段弧.

8. 计算 $\int_L (x^2+3y)dx+(y^2-x)dy$，其中 L 为上半圆周 $y=\sqrt{4x-x^2}$ 从点 $O(0,0)$ 到点 $A(4,0)$.

9. 计算 $\oint_l \dfrac{xdy-ydx}{x^2+y^2}$，其中 $l: \dfrac{(x-1)^2}{4}+y^2=1$，且取逆时针方向.

10. 计算 $\int_L (x^2y+3e^x)dx+\left(\dfrac{x^3}{3}-\sin y\right)dy$，其中 L 为沿摆线 $\begin{cases} x=t-\sin t, \\ y=1-\cos t \end{cases}$ 从点 $O(0,0)$ 到点 $B(\pi,2)$ 的一段弧.

11. 验证：$\dfrac{xdy-ydx}{x^2+y^2}$ 在右半平面 $(x>0)$ 存在原函数，并求出它.

12. 设函数 $f(x)$ 在 $(-\infty,+\infty)$ 内具有一阶连续导数，L 是上半平面 $(y>0)$ 内的有向分段光滑曲线，其起点为 $(1,2)$，终点为 $(2,1)$，求
$$I=\int_L \dfrac{1}{y}[1+y^2f(xy)]dx+\dfrac{x}{y^2}[y^2f(xy)-1]dy.$$

§9.4 对面积的曲面积分

1. Σ 是曲面 $z=\sqrt{x^2+y^2}$ $(0\leqslant z\leqslant 1)$，则曲面积分 $\iint_{\Sigma}\dfrac{x+y+1}{\sqrt{2}\pi}\mathrm{d}S=(\quad)$.

A. 1   B. 2   C. 3   D. 4

2. 锥面 Σ：$z=\sqrt{x^2+y^2}$ $(z\leqslant\sqrt{2})$，则曲面积分 $\iint_{\Sigma}z\mathrm{d}S=(\quad)$.

A. $-\pi$ B. $\dfrac{8\pi}{3}$ C. $\dfrac{8\sqrt{2}}{3}\pi$ D. 5π

3. 设 Σ 是球面 $x^2+y^2+z^2=a^2(a>0)$，若 $\oiint_{\Sigma}(3x^2+5yz)\mathrm{d}S=100\pi$，则 $a=(\quad)$.

A. 1   B. $\sqrt{3}$ C. $\sqrt{5}$ D. $\sqrt{7}$

4. 设 Σ 为平面 $3x+4y+2z=4$ 在第一卦限部分，则 $\iint_{\Sigma}\dfrac{3}{\sqrt{29}}\left(\dfrac{3}{2}x+2y+z\right)\mathrm{d}S=$ _____.

5. 设 Σ 为平面 $2x+2y+z=4$ 在第一卦限部分，则 $\iint_{\Sigma}(2x+2y+z-3)\mathrm{d}S=$ _____.

6. 设 Σ 是球面 $x^2+y^2+z^2=1$，则曲面积分 $\iint_{\Sigma}(3(x+y+z)^2+3x^2)\mathrm{d}S=$ _____.

7. 计算 $\iint_{\Sigma}z\mathrm{d}S$，其中 Σ 为锥面 $z=\sqrt{x^2+y^2}$ 在柱体 $x^2+y^2\leqslant 2x$ 内的部分.

8. 设 Σ 为球面 $x^2+y^2+z^2=a^2(a>0)$ 上 $z\geqslant h(0<h<a)$ 的部分，求 $I=\iint_{\Sigma}\dfrac{1}{z}\mathrm{d}S$.

9. 设 Σ 为球面 $x^2+y^2+z^2=a^2(a>0)$ 上 $z\geqslant h(0<h<a)$ 的部分,求 $I=\iint_\Sigma \dfrac{x^2}{z}\mathrm{d}S$.

10. 给定抛物面 $\Sigma: z=\dfrac{1}{2}(x^2+y^2)(0\leqslant z\leqslant 2)$,求 $\iint_\Sigma \dfrac{1}{1+2z}\mathrm{d}S$.

11. 设 Σ 为锥面 $z=\sqrt{x^2+y^2}$ 被柱面 $x^2+y^2=2x$ 所截得的有限部分,求 $\iint_\Sigma (xy+yz+zx)\mathrm{d}S$.

12. 设 Σ 是介于 $z=0$ 和 $z=H$ 之间的圆柱面 $x^2+y^2=R^2$,计算 $I=\oiint_\Sigma \dfrac{\mathrm{d}S}{x^2+y^2+z^2}$.

§9.5　对坐标的曲面积分

1. 设 Σ 为锥面 $z = x^2 + y^2 (z \leqslant 1)$ 的下侧，则 $\iint_\Sigma \dfrac{2}{2z - 2x^2 - 2y^2 - 1} dxdy$ 的值为 (　　).

　　A. -2π　　　　B. 2π　　　　C. -4π　　　　D. 4π

2. 设 Σ 为球面 $x^2 + y^2 + z^2 = a^2 (a > 0)$ 的外侧，则 $\iint_\Sigma \dfrac{dxdy + dydz + dzdx}{x^2 + y^2 + z^2}$ 的值为 (　　).

　　A. 3π　　　　B. 2π　　　　C. π　　　　D. 0

3. 设 Σ 为球面 $x^2 + y^2 + z^2 = a^2 (a > 0)$ 的外侧，$D: x^2 + y^2 \leqslant a^2 (z = 0)$，如果连续奇函数 $f(u)$ 满足定积分 $\iint_D f(\sqrt{a^2 - x^2 - y^2}) dxdy = \pi$，则 $\iint_\Sigma f(z) dxdy$ 的值为 (　　).

　　A. 0　　　　B. π　　　　C. 2π　　　　D. 3π

4. 设 $\Sigma: z = \sqrt{1 - x^2 - y^2}$，$\gamma$ 是其外法线与 z 轴正向的夹角，则曲面积分 $I = \iint_\Sigma 2z^2 \cos\gamma dS$ 的值为 ＿＿＿＿＿＿．

5. 设 $f(x, y)$ 为二元连续函数，且 Σ 是球面 $x^2 + y^2 + 4z^2 = 1$ 在 $x \geqslant 0$、$y \geqslant 0$ 部分的外侧，则 $\iint_\Sigma f(x, y) z^2 dxdy = $ ＿＿＿＿＿＿．

6. 设 Σ 是长方体 $\Omega = \{(x, y, z) \mid -1 \leqslant x \leqslant 1, -1 \leqslant y \leqslant 1, -1 \leqslant z \leqslant 1\}$ 的外侧，则 $\iint_\Sigma x^3 dydz + y^3 dzdx + z^3 dxdy = $ ＿＿＿＿＿＿．

7. 设 Σ 为平面 $x + 2y + z = 6$ 与坐标面所围成空间区域的边界曲面的外侧，用投影法计算曲面积分 $\oiint_\Sigma (x + 2y + z) dxdy + yz dydz$．

8. 设 Σ 为 $x = \sqrt{z^2 + y^2}$ 在柱体 $y^2 + z^2 \leqslant 2y$ 内的部分的后侧,计算曲面积分 $\iint_\Sigma x \mathrm{d}y \mathrm{d}z$.

9. 设 Σ 为球面 $x^2 + y^2 + z^2 = 1$ 的外侧在第一卦限和第八卦限部分,计算 $\iint_\Sigma xyz \mathrm{d}x \mathrm{d}y$.

10. 计算积分 $\iint_\Sigma [f(x, y, z) + x] \mathrm{d}y \mathrm{d}z + [-2f(x, y, z) + y] \mathrm{d}z \mathrm{d}x + [f(x, y, z) + z] \mathrm{d}x \mathrm{d}y$,其中 $f(x, y, z)$ 为连续函数,Σ 是平面 $x + y + z = 1$ 在第一卦限部分的上侧.

11. 设 n 为自然数,Σ 为上半球面 $x^2 + y^2 + z^2 = 1$ 的上侧,计算
$$I = \iint_\Sigma (z^n - y^n) \mathrm{d}y \mathrm{d}z + (x^n - z^n) \mathrm{d}z \mathrm{d}x + (y^n - x^n) \mathrm{d}x \mathrm{d}y.$$

12. 设 S 为旋转抛物面 $z = x^2 + y^2$ 介于 $z = 0$ 和 $z = 1$ 之间的部分,取上侧,求曲面积分
$$I = \iint_S x \mathrm{d}y \mathrm{d}z + y \mathrm{d}z \mathrm{d}x + z \mathrm{d}x \mathrm{d}y.$$

§9.6 高斯公式、通量与散度

1. Σ 是曲面 $(x-2)^2+y^2+z^2=1$ 的外侧，则

$$I=3\iint_{\Sigma}(x-x^2)\mathrm{d}y\mathrm{d}z+4xy\mathrm{d}z\mathrm{d}x-2xz\mathrm{d}x\mathrm{d}y=(\quad).$$

A. 4π B. 3π C. 2π D. π

2. 设 $\Omega=\{(x,y,z)\mid x^2+y^2\leqslant z\leqslant 1\}$，$\partial\Omega$ 为其表面的外侧，则曲面积分

$$\oiint_{\partial\Omega}(7x+z)\mathrm{d}y\mathrm{d}z+y\mathrm{d}z\mathrm{d}x=(\quad).$$

A. 4π B. 3π C. 2π D. π

3. 设 $a>0$，$\Omega=\{(x,y,z)\in R^3\mid-\sqrt{a^2-x^2-y^2}\leqslant z\leqslant 0\}$，$\Sigma$ 为 Ω 的边界曲面外侧，则曲面积分

$$I=\oiint_{\Sigma}\frac{ax\mathrm{d}y\mathrm{d}z+2(x+a)y\mathrm{d}z\mathrm{d}x}{\sqrt{x^2+y^2+z^2+1}}=(\quad).$$

A. $-\dfrac{2\pi a^4}{\sqrt{a^2+1}}$ B. $\dfrac{\pi a^4}{\sqrt{a^2+1}}$ C. $\dfrac{2\pi a^4}{\sqrt{a^2+1}}$ D. $-\dfrac{\pi a^4}{\sqrt{a^2+1}}$

4. 设 $\boldsymbol{A}=(x+yz^2)\boldsymbol{i}+zx^2\boldsymbol{j}+xy^2\boldsymbol{k}$，则其散度为 _____。

5. 设 $f(x,y,z)$ 在 $\Omega=\{(x,y,z)\mid x^2+y^2+z^2\leqslant 1\}$ 上满足 $\dfrac{\partial f}{\partial x}+\dfrac{\partial f}{\partial y}+\dfrac{\partial f}{\partial z}=0$，且具有连续的偏导数，$\partial\Omega$ 为 Ω 表面的外侧，则

$$\oiint_{\partial\Omega}(f+x)\mathrm{d}y\mathrm{d}z+(f+y)\mathrm{d}z\mathrm{d}x+(f+z)\mathrm{d}x\mathrm{d}y=\underline{\qquad}.$$

6. 设 Σ 为平面 $x+2y+z=6$ 与坐标面所围成空间区域的边界曲面的外侧，则

$$\oiint_{\Sigma}(x+2y+z)\mathrm{d}x\mathrm{d}y+yz\mathrm{d}y\mathrm{d}z=\underline{\qquad}.$$

7. 计算 $I=\iint_{\Sigma}xz^2\mathrm{d}y\mathrm{d}z+(x^2y-z^3)\mathrm{d}z\mathrm{d}x+(2xy+y^2z)\mathrm{d}x\mathrm{d}y$，其中 Σ 为上半球体 $0\leqslant z\leqslant\sqrt{1-x^2-y^2}$ 表面的外侧。

8. 计算 $I = \iint_\Sigma \dfrac{x\,\mathrm{d}y\mathrm{d}z + z^2\,\mathrm{d}x\mathrm{d}y}{(x^2+y^2+z^2)^{\frac{1}{2}}}$，其中 Σ 为下半球面 $z = -\sqrt{1-x^2-y^2}$ 的下侧.

9. 求 $\iint_\Sigma (2x-3z^2)\,\mathrm{d}y\mathrm{d}z + 4yz\,\mathrm{d}z\mathrm{d}x + 2(1-z^2)\,\mathrm{d}x\mathrm{d}y$，其中 Σ 是旋转曲面 $z = \mathrm{e}^{\sqrt{x^2+y^2}}$ ($1 \leqslant z \leqslant \mathrm{e}^2$) 的下侧.

10. 求 $I = \iint_\Sigma \dfrac{ax\,\mathrm{d}y\mathrm{d}z + (z+a)^2\,\mathrm{d}x\mathrm{d}y}{\sqrt{x^2+y^2+z^2}}$，其中 Σ 为下半球面 $z = -\sqrt{a^2-x^2-y^2}$ 的上侧，a 为大于 0 的常数.

11. 求 $\oiint_\Sigma x^2\,\mathrm{d}y\mathrm{d}z + (z-2xy)\,\mathrm{d}z\mathrm{d}x + z^2\,\mathrm{d}x\mathrm{d}y$，其中 Σ 是球面 $x^2+y^2+z^2 = z$ 的外侧.

12. 设 $L(x,y,z)$ 表示原点到椭球面 $S: \dfrac{x^2}{a^2} + \dfrac{y^2}{b^2} + \dfrac{z^2}{c^2} = 1$ 上点 (x,y,z) 处切平面的距离，计算 $\iint_S \dfrac{\mathrm{d}S}{L(x,y,z)}$.

§9.7 斯托克斯公式、环流量与旋度

1. 利用斯托克斯公式计算曲面积分的条件是(　　).
   A. 曲面 Σ 是分片光滑的　　　　B. 曲面 Σ 是封闭的
   C. 曲面 Σ 的侧符合右手定则　　D. 以上条件都要满足

2. 设 Γ 是有向曲面边界闭合曲线,从 z 轴正向看为顺时针,利用斯托克斯公式计算曲线积分 $\oint_{\Gamma} P\mathrm{d}x + Q\mathrm{d}y + R\mathrm{d}z$ 化为对坐标的曲面积分时,所配给的符号为(　　).
   A. 正　　　　　　　　　　　　　B. 负
   C. 零　　　　　　　　　　　　　D. 以上都有可能

3. 设 Γ 是曲面 $x^2+y^2=1$ 和平面 $z=0$ 的交线,从 z 轴正向看为逆时针,则 $\oint_{\Gamma}(4x-y)\mathrm{d}y+(x+y)\mathrm{d}y+(1+z)\mathrm{d}z$ 的值为(　　).
   A. 0　　　　　　　　　　　　　B. 2π
   C. π　　　　　　　　　　　　D. $-\pi$

4. 已知矢量场 $\boldsymbol{A}=(2x-3y, 3x-z, y-x)$,则其旋度为_____.

5. 设 Γ 是平面 $x+y+z=1$ 第一卦限部分的边界,从 z 轴正向看为逆时针,则 $\oint_{\Gamma} x\mathrm{d}y - y\mathrm{d}x =$ _____.

6. 设 Γ 是球面 $x^2+y^2+z^2=1$ 与平面 $z=0$ 的交线,从 z 轴正向看为逆时针,则 $\oint_{\Sigma}(2y+1)\mathrm{d}x+(3x+2)\mathrm{d}y-z^2\mathrm{d}z =$ _____.

7. 设 Γ 为平面 $x+y+z=1$ 被三坐标面所截三角形的整个边界,从坐标原点看为顺时针方向,则 $\oint_{\Gamma} z\mathrm{d}x + x\mathrm{d}y + y\mathrm{d}z =$ _____.

8. 设 Γ 为椭圆 $\begin{cases} x^2+y^2=a^2, \\ \dfrac{x}{a}+\dfrac{z}{b}=1, \end{cases}$ 从 x 轴正向看去,椭圆取逆时针方向,计算 $I = \int_{\Gamma}(y-z)\mathrm{d}x+(z-x)\mathrm{d}y+(x-y)\mathrm{d}z$.

9. 计算 $\oint_{\Gamma} 3y\mathrm{d}x - xz\mathrm{d}y + yz^2\mathrm{d}z$，其中 Γ 是圆周 $\begin{cases} x^2 + y^2 = 2z, \\ z = 2. \end{cases}$ 若从 z 轴正向看去，圆周为逆时针方向.

第 10 章 无穷级数

1. 基本要求

（1）理解常数项级数收敛与发散的概念、收敛级数和的概念，掌握级数的基本性质及收敛的必要条件；

（2）掌握几何级数、p-级数的敛散性；

（3）掌握正项级数的审敛法（比较法、比值法、根值法），掌握正项级数的积分审敛法；

（4）掌握交错级数的莱布尼兹审敛法；

（5）理解任意项级数绝对收敛与条件收敛的概念及两者之间的关系；

（6）掌握幂级数的收敛半径、收敛区间及收敛域的求法；

（7）了解幂级数在收敛区间内的一些基本性质，会求一些简单幂级数在收敛域内的和；

（8）理解一元函数的泰勒公式、泰勒级数、麦克劳林级数，熟练掌握 e^x、$\sin x$、$\cos x$、$\dfrac{1}{1+x}$、$\ln(1+x)$ 的麦克劳林展开式，会用它们求一些简单函数的幂级数展开式；

（9）了解用三角级数逼近周期函数的思想，理解函数展开为傅里叶级数的狄利克雷条件；

（10）会将定义在 $(-l, l)$ 上的函数展开为傅里叶级数，会将定义在 $(0, l)$ 上的函数展开为正弦级数和余弦级数．

2. 重点内容

（1）正项级数的审敛法、交错级数的莱布尼兹审敛法、任意项级数绝对收敛与条件收敛判别；（2）求幂级数的和函数与函数的幂级数展开；（3）常见基本初等函数的幂级数展开式；（4）函数的傅里叶级数展开．

3. 难点内容

（1）级数审敛法；（2）求幂级数的和函数、函数的幂级数展开；（3）函数的傅里叶级数展开．

§10.1—10.2 常数项级数与级数的收敛性质

1. 基本概念

对于一个数列 $a_1, a_2, \cdots, a_n, \cdots$，它的形式和 $a_1 + a_2 + \cdots + a_n + \cdots$ 称为常数项级数，记为 $\sum\limits_{n=1}^{\infty} a_n$，即 $\sum\limits_{n=1}^{\infty} a_n = a_1 + a_2 + \cdots + a_n + \cdots$，其中 a_n 称为级数的一般项或通项．

$$S_n = \sum_{i=1}^{n} a_i = a_1 + a_2 + \cdots + a_n,$$ 称 S_n 为 $\sum_{n=1}^{\infty} a_n$ 的部分和. 如果 $\lim_{n \to \infty} S_n = a$, 则称级数 $\sum_{n=1}^{\infty} a_n$ 收敛, a 称为级数 $\sum_{n=1}^{\infty} a_n$ 的和,记 $\sum_{n=1}^{\infty} a_n = a$; 若数列 S_n 极限不存在,则称级数 $\sum_{n=1}^{\infty} a_n$ 发散.

2. 性质

性质 1 （级数的柯西收敛准则）$\sum_{n=1}^{\infty} a_n$ 收敛的充分必要条件是对任意正数 ε, 存在自然数 N, 使得对所有 $n \geqslant N$, 以及任意自然数 p, 都有 $|a_{n+1} + a_{n+2} + \cdots + a_{n+p}| < \varepsilon$.

性质 2 设 m 为正整数,则 $\sum_{n=1}^{\infty} a_n$ 收敛的充分必要条件是 $\sum_{n=m}^{\infty} a_n$ 收敛.

性质 3 若 $\sum_{n=1}^{\infty} a_n$ 收敛,则对任意实数 k, $\sum_{n=1}^{\infty} k a_n$ 收敛,且 $\sum_{n=1}^{\infty} k a_n = k \sum_{n=1}^{\infty} a_n$.

性质 4 若 $\sum_{n=1}^{\infty} a_n$ 与 $\sum_{n=1}^{\infty} b_n$ 都收敛,则 $\sum_{n=1}^{\infty} (a_n + b_n)$ 收敛,且 $\sum_{n=1}^{\infty} (a_n + b_n) = \sum_{n=1}^{\infty} a_n + \sum_{n=1}^{\infty} b_n$.

性质 5 设 $\{n_i\}_{i=1}^{\infty}$ 为单调递增数列,且 $n_1 = 0$. 若 $\sum_{n=1}^{\infty} a_n$ 收敛,则 $\sum_{i=1}^{\infty} \sum_{j=n_i+1}^{n_{i+1}} a_j$ 收敛,且 $\sum_{i=1}^{\infty} \sum_{j=n_i+1}^{n_{i+1}} a_j = \sum_{n=1}^{\infty} a_n$, 即收敛级数加括号后构成的新级数亦收敛.

性质 6 （级数收敛的必要条件）若 $\sum_{n=1}^{\infty} a_n$ 收敛,则 $\lim_{n \to \infty} a_n = 0$.

其逆否命题成立: 若 $\lim_{n \to \infty} a_n \neq 0$, 则级数 $\sum_{n=1}^{\infty} a_n$ 发散.

§10.3 正项级数

1. 基本概念

对于级数 $\sum_{n=1}^{\infty} a_n$, 如果对任意正整数 n, 都有 $a_n \geqslant 0$, 则称其为正项级数.

2. 判别法

部分和判别法: 正项级数 $\sum_{n=1}^{\infty} a_n$ 收敛的充分必要条件是其部分和数列 S_n 有界.

比较判别法: 设正项级数 $\sum_{n=1}^{\infty} a_n$ 与 $\sum_{n=1}^{\infty} b_n$ 满足对于任意 n 有 $0 \leqslant a_n \leqslant b_n$, 则

(1) 若 $\sum_{n=1}^{\infty} b_n$ 收敛,则 $\sum_{n=1}^{\infty} a_n$ 收敛;

(2) 若 $\sum\limits_{n=1}^{\infty} a_n$ 发散,则 $\sum\limits_{n=1}^{\infty} b_n$ 发散.

性质 当 $p>1$ 时,p-级数 $\sum\limits_{n=1}^{\infty} \dfrac{1}{n^p}$ 收敛;当 $p\leqslant 1$ 时,p-级数 $\sum\limits_{n=1}^{\infty} \dfrac{1}{n^p}$ 发散.

比较判别法极限形式:设 $\sum\limits_{n=1}^{\infty} a_n$ 与 $\sum\limits_{n=1}^{\infty} b_n$ 为正项级数 $(a_n>0, b_n>0)$,有

(1) 当 $\lim\limits_{n\to\infty}\dfrac{b_n}{a_n}=\ell\neq 0$ 时,$\sum\limits_{n=1}^{\infty} a_n$ 与 $\sum\limits_{n=1}^{\infty} b_n$ 同敛散.

(2) 当 $\lim\limits_{n\to\infty}\dfrac{b_n}{a_n}=0$ 时,如果 $\sum\limits_{n=1}^{\infty} a_n$ 收敛,则 $\sum\limits_{n=1}^{\infty} b_n$ 收敛;反之,未必成立.

(3) 当 $\lim\limits_{n\to\infty}\dfrac{b_n}{a_n}=\infty$ 时,如果 $\sum\limits_{n=1}^{\infty} a_n$ 发散,则 $\sum\limits_{n=1}^{\infty} b_n$ 发散;反之,未必成立.

比值判别法——达朗贝尔判别法:设正项级数 $\sum\limits_{n=1}^{\infty} a_n (a_n>0)$,且 $\lim\limits_{n\to\infty}\dfrac{a_{n+1}}{a_n}=\ell$,有

(1) 若 $\ell<1$,则 $\sum\limits_{n=1}^{\infty} a_n$ 收敛;

(2) 若 $\ell>1$(或 $+\infty$),则 $\sum\limits_{n=1}^{\infty} a_n$ 发散.

根值判别法——柯西判别法:设正项级数 $\sum\limits_{n=1}^{\infty} a_n$,且 $\lim\limits_{n\to\infty}\sqrt[n]{a_n}=\ell$,有

(1) 若 $\ell<1$,则 $\sum\limits_{n=1}^{\infty} a_n$ 收敛;

(2) 若 $\ell>1$(或为 $+\infty$),则 $\sum\limits_{n=1}^{\infty} a_n$ 发散.

积分判别法:设 $\sum\limits_{n=1}^{\infty} a_n$ 为正项级数,$f(x)$ 为单调递减函数,如果 $f(n)=a_n(n=1, 2, \cdots)$,则 $\sum\limits_{n=1}^{\infty} a_n$ 与 $\int_{1}^{+\infty} f(x)\mathrm{d}x$ 的敛散性相同.

§10.4 交错级数

1. 基本概念

设对任意正整数 n,都有 $a_n\geqslant 0$,称级数 $\sum\limits_{n=1}^{\infty}(-1)^n a_n$ 为交错级数.

2. 莱布尼兹判别法

设交错级数 $\sum\limits_{n=1}^{\infty}(-1)^n a_n$ 满足 $a_{n+1}\leqslant a_n$ 和 $\lim\limits_{n\to\infty} a_n=0$,则交错级数 $\sum\limits_{n=1}^{\infty}(-1)^n a_n$ 收敛.

§10.5 任意级数

1. 基本概念

绝对收敛：对于级数 $\sum\limits_{n=1}^{\infty} a_n$，如果级数 $\sum\limits_{n=1}^{\infty} |a_n|$ 收敛，则称级数 $\sum\limits_{n=1}^{\infty} a_n$ 绝对收敛.

条件收敛：如果级数 $\sum\limits_{n=1}^{\infty} a_n$ 收敛，但级数 $\sum\limits_{n=1}^{\infty} |a_n|$ 发散，则称级数 $\sum\limits_{n=1}^{\infty} a_n$ 条件收敛.

2. 性质

性质 1 绝对收敛级数 $\sum\limits_{n=1}^{\infty} a_n$ 的和与加法顺序无关.

性质 2 绝对收敛级数 $\sum\limits_{n=1}^{\infty} a_n$ 一定收敛.

性质 3 若 $\sum\limits_{n=1}^{\infty} a_n$ 与 $\sum\limits_{n=1}^{\infty} b_n$ 绝对收敛，则其柯西积 $\sum\limits_{n=1}^{\infty} a_n \cdot \sum\limits_{n=1}^{\infty} b_n = \sum\limits_{n=1}^{\infty} \sum\limits_{i+j=n+1} a_i b_j$ 绝对收敛.

3. 判别法

对于级数 $\sum\limits_{n=1}^{\infty} a_n$，若 $\lim\limits_{n \to \infty} \left| \dfrac{a_{n+1}}{a_n} \right| = \ell$ 或 $\lim\limits_{n \to \infty} \sqrt[n]{|a_n|} = \ell$，则

(1) 当 $\ell < 1$ 时，$\sum\limits_{n=1}^{\infty} a_n$ 绝对收敛；

(2) 当 $\ell > 1$(或为 $+\infty$) 时，$\sum\limits_{n=1}^{\infty} a_n$ 发散.

§10.6 函数项级数

1. 基本概念

如果级数每一项是函数 $u_n(x)$，则称 $\sum\limits_{n=1}^{\infty} u_n(x)$ 为函数项级数.

若对 $x = x_0$，常数项级数 $\sum\limits_{n=1}^{\infty} u_n(x_0)$ 收敛，其和记为 $u(x_0)$，则称 $x = x_0$ 为函数项级数 $\sum\limits_{n=1}^{\infty} u_n(x)$ 的收敛点，否则称 $x = x_0$ 为函数项级数 $\sum\limits_{n=1}^{\infty} u_n(x)$ 的发散点. 通常称 $\sum\limits_{n=1}^{\infty} u_n(x)$ 所有收敛点组成的集合为 $\sum\limits_{n=1}^{\infty} u_n(x)$ 的收敛域. 如果 D 为 $\sum\limits_{n=1}^{\infty} u_n(x)$ 的收敛域，那么 $u(x) = \sum\limits_{n=1}^{\infty} u_n(x), x \in D$ 称为函数项级数 $\sum\limits_{n=1}^{\infty} u_n(x)$ 的和函数.

2. 一致收敛

(1) 对于区间 I 上的连续函数列 $\{u_n(x)\}_{n=1}^{\infty}$，若 $\sum_{n=1}^{\infty} u_n(x)$ 在区间 I 上一致收敛于 $u(x)$，则 $u(x)$ 在 I 内的任意区间 (a,b) 上可积，且

$$\int_a^b u(x)\mathrm{d}x = \int_a^b \sum_{n=1}^{\infty} u_n(x)\mathrm{d}x = \sum_{n=1}^{\infty} \int_a^b u_n(x)\mathrm{d}x.$$

(2) 对于区间 I 上的连续可导函数列 $\{u_n(x)\}_{n=1}^{\infty}$，若 $\sum_{n=1}^{\infty} u_n'(x)$ 在区间 I 上一致收敛，则 $\sum_{n=1}^{\infty} u_n(x)$ 在区间 I 上一致收敛. 如果记其和函数为 $u(x)$，则 $u(x)$ 在区间 I 上是可导的，并可逐项求导，即

$$u'(x) = \left(\sum_{n=1}^{\infty} u_n(x)\right)' = \sum_{n=1}^{\infty} u_n'(x).$$

§10.7 幂级数

1. 基本概念

形如 $\sum_{n=0}^{\infty} a_n(x-x_0)^n$ 的函数项级数称为 x_0 处幂级数，简称为幂级数.

对幂级数 $\sum_{n=0}^{\infty} a_n x^n$，存在收敛半径 R. 当 $x_0 \in (-R, R)$ 时，$\sum_{n=0}^{\infty} a_n x_0^n$ 绝对收敛；当 $|x_0| > R$ 时，$\sum_{n=0}^{\infty} a_n x_0^n$ 发散.

2. 收敛半径

对幂级数 $\sum_{n=0}^{\infty} a_n x^n$，记 $\lim\limits_{n\to\infty} \left|\dfrac{a_{n+1}}{a_n}\right| = \rho$，则

(1) 若 $\rho = 0$，有收敛半径 $R = +\infty$；

(2) 若 $0 < \rho < +\infty$，有收敛半径 $R = \dfrac{1}{\rho}$；

(3) 若 $\rho = +\infty$，有收敛半径 $R = 0$.

注：对于一般的幂级数 $\sum_{n=0}^{\infty} a_n(x-x_0)^n$，同样存在非负数 R（R 可以为 $+\infty$），使得当 $|x-x_0| < R$ 时，$\sum_{n=0}^{\infty} a_n(x-x_0)^n$ 收敛；当 $|x-x_0| > R$ 时，$\sum_{n=0}^{\infty} a_n(x-x_0)^n$ 发散. 仍然称 R 为 $\sum_{n=0}^{\infty} a_n(x-x_0)^n$ 收敛半径，此时称 (x_0-R, x_0+R) 为 $\sum_{n=0}^{\infty} a_n(x-x_0)^n$ 的收敛区

间(收敛区间可能为空集).

§10.8 幂级数的运算

1. 幂级数的四则运算

记幂级数 $a(x) = \sum\limits_{n=0}^{\infty} a_n x^n$, $x \in (-R_1, R_1)$; $b(x) = \sum\limits_{n=0}^{\infty} b_n x^n$, $x \in (-R_2, R_2)$. 令 $R = \min\{R_1, R_2\}$, 有下列结论:

(1) 幂级数 $\sum\limits_{n=0}^{\infty}(a_n \pm b_n)x^n$ 在区间 $(-R, R)$ 绝对收敛, 且

$$\sum_{n=0}^{\infty}(a_n \pm b_n)x^n = \sum_{n=0}^{\infty} a_n x^n \pm \sum_{n=0}^{\infty} b_n x^n = a(x) \pm b(x), \ x \in (-R, R);$$

(2) 幂级数 $\sum\limits_{n=0}^{\infty}\sum\limits_{i+j=n}(a_i b_j)x^n$ 在区间 $(-R, R)$ 绝对收敛, 且

$$\sum_{n=0}^{\infty}\sum_{i+j=n}(a_i b_j)x^n = \Big(\sum_{n=0}^{\infty} a_n x^n\Big)\Big(\sum_{n=0}^{\infty} b_n x^n\Big) = a(x)b(x), \ x \in (-R, R);$$

(3) 如果 $b_0 \neq 0$, 设数列 $\{c_n\}_{n=0}^{\infty}$ 满足关系式 $a_n = \sum\limits_{i+j=n}(c_i b_j)$;

幂级数 $c(x) = \sum\limits_{n=0}^{\infty} c_n x^n$, 称其为 $\sum\limits_{n=0}^{\infty} a_n x^n$ 与 $\sum\limits_{n=0}^{\infty} b_n x^n$ 的商; 如果 $\sum\limits_{n=0}^{\infty} c_n x^n$ 的收敛半径为 R_3, 则有 $c(x) = \sum\limits_{n=0}^{\infty} c_n x^n = \dfrac{\sum\limits_{n=0}^{\infty} a_n x^n}{\sum\limits_{n=0}^{\infty} b_n x^n} = \dfrac{a(x)}{b(x)}$, $x \in (-R_3, R_3) \bigcap (-R, R)$.

2. 幂级数的分析运算

设幂级数 $a(x) = \sum\limits_{n=0}^{\infty} a_n x^n$ 的收敛区间为 $(-R, R)$, 和函数为 $a(x)$, 则

(1) $a(x)$ 在 $(-R, R)$ 上连续;

(2) $a(x)$ 在 $(-R, R)$ 上可导, 且 $a'(x) = \sum\limits_{n=0}^{\infty}(a_n x^n)' = \sum\limits_{n=1}^{\infty}(n a_n x^{n-1})$;

(3) $a(x)$ 在 $(-R, R)$ 上可积, 且

$$\int_0^x a(t)\mathrm{d}t = \Big(\int_0^x \sum_{n=0}^{\infty}(a_n t^n)\mathrm{d}t\Big)' = \sum_{n=0}^{\infty}\int_0^x a_n t^n \mathrm{d}t = \sum_{n=0}^{\infty}\frac{a_n}{n+1}x^{n+1}.$$

§10.9—10.10 泰勒级数与幂级数的应用

1. 基本概念

如果函数 $f(x)$ 满足 $f(x)=\sum_{n=0}^{\infty}\dfrac{f^{(n)}(x_0)}{n!}(x-x_0)^n$, $x\in U(x_0)$, 则称上式为 $f(x)$ 在 x_0 处的泰勒展开式,对应的幂级数称为 $f(x)$ 在 x_0 处的泰勒级数. 如果 $x_0=0$, 则称其为 $f(x)$ 麦克劳林展开式,对应的幂级数称为 $f(x)$ 的麦克劳林级数.

2. 常见的幂级数展开式

$\dfrac{1}{1+x}=1-x+x^2-x^3+\cdots+(-1)^n x^n+\cdots, x\in(-1,1).$

$e^x=\sum_{n=0}^{\infty}\dfrac{x^n}{n!}=1+x+\dfrac{x^2}{2}+\dfrac{x^3}{3!}+\cdots+\dfrac{x^n}{n!}+\cdots, x\in(-\infty,\infty).$

$\sin x=\sum_{n=0}^{\infty}\dfrac{(-1)^n}{(2n+1)!}x^{2n+1}=x-\dfrac{x^3}{3!}+\dfrac{x^5}{5!}-\cdots+\dfrac{(-1)^n}{(2n+1)!}x^{2n+1}+\cdots, x\in(-\infty,+\infty).$

$\cos x=\sum_{n=0}^{\infty}\dfrac{(-1)^n}{(2n)!}x^{2n}=1-\dfrac{x^2}{2}+\dfrac{x^4}{4!}-\cdots+\dfrac{(-1)^n}{(2n)!}x^{2n}+\cdots, x\in(-\infty,\infty).$

$\ln(1+x)=\sum_{n=0}^{\infty}(-1)^n\dfrac{x^{n+1}}{n+1}, x\in(-1,1].$

$\arctan x=x-\dfrac{x^3}{3}+\dfrac{x^5}{5}-\dfrac{x^7}{7}+\cdots+(-1)^n\dfrac{x^{2n+1}}{2n+1}+\cdots, x\in[-1,1].$

级数的主要应用之一是利用它来进行数值计算. 在函数的幂级数展开式中,取前面有限项,就可得到函数的近似公式. 这对于计算复杂函数的函数值是非常方便的.

§10.11 傅里叶级数

1. 三角级数

称形如 $\dfrac{a_0}{2}+\sum_{n=1}^{\infty}(a_n\cos nx+b_n\sin nx)$ 函数项级数为三角级数,并称下列函数族为三角函数系 $1,\cos x,\sin x,\cos 2x,\sin 2x,\cdots,\cos nx,\sin nx,\cdots$. 满足下列等式:

$\displaystyle\int_{-\pi}^{\pi}\sin nx\,\mathrm{d}x=0, \int_{-\pi}^{\pi}\cos nx\,\mathrm{d}x=0\ (n=1,2,\cdots);$

$\displaystyle\int_{-\pi}^{\pi}\sin mx\sin nx\,\mathrm{d}x=0, \int_{-\pi}^{\pi}\cos mx\cos nx\,\mathrm{d}x=0\ (m\neq n, m,n=1,2,\cdots);$

$\displaystyle\int_{-\pi}^{\pi}\sin mx\cos nx\,\mathrm{d}x=0\ (m,n=1,2,\cdots);$

$\displaystyle\int_{-\pi}^{\pi}\sin^2 nx\,\mathrm{d}x=\pi, \int_{-\pi}^{\pi}\cos^2 nx\,\mathrm{d}x=\pi\ (n=1,2,\cdots).$

2. 傅里叶级数

对给定函数 $f(x)$，假设 $f(x) = \dfrac{a_0}{2} + \sum_{n=1}^{\infty}(a_n \cos nx + b_n \sin nx)$，称上式右边级数为函数 $f(x)$ 的傅里叶级数，a_n、b_n 为 $f(x)$ 的傅里叶系数，且有

$$\begin{cases} a_n = \dfrac{1}{\pi}\displaystyle\int_{-\pi}^{\pi} f(x) \cos nx \, \mathrm{d}x, & n = 0, 1, 2, \cdots, \\ b_n = \dfrac{1}{\pi}\displaystyle\int_{-\pi}^{\pi} f(x) \sin nx \, \mathrm{d}x, & n = 1, 2, \cdots. \end{cases}$$

3. 狄里克雷收敛定理

对以 2π 为周期的函数 $f(x)$，若满足下列条件：
(1) 在一周期内连续或只有有限个第一类间断点；
(2) 在一周期内最多有有限个极值点，则 $f(x)$ 的傅里叶级数收敛，且

$$\frac{f(x-0)+f(x+0)}{2} = \frac{a_0}{2} + \sum_{n=1}^{\infty}(a_n \cos nx + b_n \sin nx),$$

其中 $f(x-0) = \lim\limits_{z \to x-0} f(z)$；$f(x+0) = \lim\limits_{z \to x+0} f(z)$.

注：偶函数的傅里叶级数只含余弦函数项，而奇函数的傅里叶级数只含正弦函数项.

§10.12 一般周期函数的傅里叶级数

若周期为 2ℓ 的函数 $f(x)$ 满足狄里克雷收敛条件，则

$$\frac{f(x-0)+f(x+0)}{2} = \frac{a_0}{2} + \sum_{n=1}^{\infty}\left(a_n \cos n\frac{\pi}{\ell}x + b_n \sin n\frac{\pi}{\ell}x\right),$$

式中，

$$a_0 = \frac{1}{\ell}\int_{-\ell}^{\ell} f(x) \, \mathrm{d}x,$$

$$a_n = \frac{1}{\ell}\int_{-\ell}^{\ell} f(x) \cos \frac{n\pi x}{\ell} \, \mathrm{d}x,$$

$$b_n = \frac{1}{\ell}\int_{-\ell}^{\ell} f(x) \sin \frac{n\pi x}{\ell} \, \mathrm{d}x \ (n = 1, 2, \cdots).$$

注：对于 $f(x)$ 的连续点 x，因为 $f(x) = f(x-0) = f(x+0)$，所以

$$f(x) = \frac{a_0}{2} + \sum_{n=1}^{\infty}\left(a_n \cos n\frac{\pi}{\ell}x + b_n \sin n\frac{\pi}{\ell}x\right).$$

本章习题

§10.1—10.2 常数项级数与级数的收敛性质

1. 下列级数收敛的是( ).

A. $\sum_{n=0}^{\infty} \dfrac{1}{2n+1}$
B. $\sum_{n=1}^{\infty} \dfrac{1}{(2n+1)(2n-1)}$
C. $\sum_{n=1}^{\infty} \dfrac{2n}{(n+1)(2n+1)}$
D. $\sum_{n=1}^{\infty} \dfrac{2^n+5^n}{4^n}$

2. 若级数 $\sum_{n=1}^{\infty} u_n$ 收敛,则( ).

A. $\sum_{n=1}^{\infty} (u_n + u_{n+1})$ 收敛
B. $\sum_{n=1}^{\infty} u_{2n}$ 收敛
C. $\sum_{n=1}^{\infty} u_n u_{n+1}$ 收敛
D. $\sum_{n=1}^{\infty} (-1)^n u_n$ 收敛

3. 下面 4 个命题正确的是( ).

(1) 若 $\sum_{n=1}^{\infty} (u_{2n-1} + u_{2n})$ 收敛,那么 $\sum_{n=1}^{\infty} u_n$ 收敛

(2) 若 $\sum_{n=1}^{\infty} u_n$ 收敛,那么 $\sum_{n=1}^{\infty} u_{n+50}$ 收敛

(3) 若 $\lim\limits_{n \to \infty} \dfrac{u_{n+1}}{u_n} > 1$,那么 $\sum_{n=1}^{\infty} u_n$ 发散

(4) 若 $\sum_{n=1}^{\infty} (u_n + v_n)$ 收敛,那么 $\sum_{n=1}^{\infty} u_n$ 与 $\sum_{n=1}^{\infty} v_n$ 均收敛

A. (1)(2)
B. (2)(3)
C. (3)(4)
D. (1)(4)

4. 假设 $|a| > 1$,则 $\sum_{n=0}^{\infty} \left(\dfrac{1}{a^{2n}} - \dfrac{1}{a^{2n+1}} \right) = $ _____.

5. 若级数为 $\sum_{n=1}^{\infty} \dfrac{1}{(2n-1)(2n+1)}$,其和是_____.

6. 级数 $\sum_{n=1}^{\infty} (-1)^{n-1} \dfrac{3n+2}{3n}$ _____ 且 $\sum_{n=1}^{\infty} (-1)^{n-1} \dfrac{2^n}{n+1}$ _____(填"收敛"还是"发散").

7. 讨论级数 $\sum_{n=1}^{\infty}(\sqrt{n+2}-2\sqrt{n+1}+\sqrt{n})$ 的敛散性,如果收敛请求和.

8. 讨论级数 $\sum_{n=0}^{\infty}\left[\dfrac{1}{(n+2)(n+1)}+\left(\dfrac{1}{2}\right)^n\right]$ 与 $\dfrac{1}{3}+\dfrac{1}{4}+\dfrac{1}{9}+\dfrac{1}{16}+\cdots+\dfrac{1}{3^n}+\dfrac{1}{4^n}+\cdots$ 的敛散性,如果收敛请求和.

9. 讨论级数 $\sum_{n=1}^{\infty}\dfrac{n-1}{n(n+1)(n+2)}$ 的敛散性,如果收敛请求和.

10. 利用级数的柯西收敛准则,证明:调和级数 $\sum_{n=1}^{\infty}\dfrac{1}{n}$ 发散.

11. 利用级数的柯西收敛准则,证明:级数 $\sum_{n=1}^{\infty}\dfrac{1}{n^2}$ 收敛.

12. 证明:级数 $1+\dfrac{1}{2}+\dfrac{1}{3}-\dfrac{1}{4}-\dfrac{1}{5}+\dfrac{1}{6}+\dfrac{1}{7}+\dfrac{1}{8}-\dfrac{1}{9}-\dfrac{1}{10}+\cdots$ 发散.

§10.3 正项级数

1. 下列级数中收敛的是( ).

A. $\sum_{n=1}^{\infty} \dfrac{1}{\sqrt{2n+1}}$　　B. $\sum_{n=1}^{\infty} \dfrac{n}{3n+1}$　　C. $\sum_{n=1}^{\infty} \dfrac{n}{n^2+2}$　　D. $\sum_{n=1}^{\infty} \dfrac{2^{n-1}}{3^n}$

2. 下列正项级数中收敛的是( ).

A. $\sum_{n=1}^{\infty} \dfrac{n}{2n-1}$　　B. $\sum_{n=1}^{\infty} \dfrac{2}{n(n+1)}$　　C. $\sum_{n=1}^{\infty} \ln\left(1+\dfrac{1}{n}\right)$　　D. $\sum_{n=1}^{\infty} \left(1+\dfrac{1}{3^n}\right)$

3. 若级数 $\sum_{n=1}^{\infty} a_n$ 收敛,则级数( ).

A. $\sum_{n=1}^{\infty} |a_n|$ 收敛　　　　　　　　B. $\sum_{n=1}^{\infty} (-1)^n a_n$ 收敛

C. $\sum_{n=1}^{\infty} a_n a_{n+1}$ 收敛　　　　　　　D. $\sum_{n=1}^{\infty} \dfrac{a_n + a_{n+1}}{2}$ 收敛

4. 级数 $\sum_{n=1}^{\infty} \dfrac{1}{n^p}$,当 p 满足 _____ 时收敛.

5. 级数 $\sum_{n=1}^{\infty} n\tan \dfrac{\pi}{n}$ _____(填写"收敛"还是"发散").

6. 级数 $\sum_{n=1}^{\infty} \dfrac{\left(\dfrac{4n}{2n+1}\right)^n}{3^n}$ _____(填写"收敛"还是"发散").

7. 讨论级数 $\sum_{n=1}^{\infty} \left(1-\cos\dfrac{2\pi}{n}\right)$ 的敛散性.

8. 讨论级数 $\sum_{n=1}^{\infty} \dfrac{\sqrt{n+1}-\sqrt{n}}{\sqrt{n^2+n}}$ 的敛散性,如果收敛请求和.

9. 讨论级数 $\sum_{n=1}^{\infty} \dfrac{2n+1}{n^2(n+1)^2}$ 的敛散性,如果收敛请求和.

10. 判断级数 $\sum_{n=1}^{\infty} \dfrac{1}{\ln(n+2)} \sin \dfrac{1}{n}$ 的敛散性.

11. 判断级数 $\sum_{n=1}^{\infty} \dfrac{(n!)^2}{(2n)!}$ 的敛散性.

12. 判断级数 $\sum_{n=1}^{\infty} \dfrac{n^{n-1}}{(2n^2+\ln n+1)^{\frac{n+1}{2}}}$ 的敛散性.

§10.4 交错级数

1. 下列级数不收敛的是( ).

A. $\sum_{n=1}^{\infty}(-1)^{n+1}\dfrac{1}{\sqrt{n}}$ B. $\sum_{n=1}^{\infty}(-1)^{n}\dfrac{1}{n^{2}}$

C. $\sum_{n=1}^{\infty}(-1)^{n}\dfrac{n}{n+1}$ D. $\sum_{n=1}^{\infty}(-1)^{n}\dfrac{1}{n(n+1)}$

2. 设 $0<a_{n}<\dfrac{1}{n}(n=1,2,3,\cdots)$,则下列级数中肯定收敛的是( ).

A. $\sum_{n=1}^{\infty}a_{n}$ B. $\sum_{n=1}^{\infty}(-1)^{n}a_{n}$ C. $\sum_{n=2}^{\infty}\dfrac{a_{n}}{\ln n}$ D. $\sum_{n=2}^{\infty}a_{n}^{2}\ln n$

3. 下列命题中正确的是( ).

A. 若 $\sum_{n=1}^{\infty}u_{n}^{2}$ 与 $\sum_{n=1}^{\infty}v_{n}^{2}$ 都收敛,则 $\sum_{n=1}^{\infty}(u_{n}+v_{n})^{2}$ 收敛

B. 若 $\sum_{n=1}^{\infty}|u_{n}v_{n}|$ 收敛,则 $\sum_{n=1}^{\infty}u_{n}^{2}$ 与 $\sum_{n=1}^{\infty}v_{n}^{2}$ 都收敛

C. 若正项级数 $\sum_{n=1}^{\infty}u_{n}$ 发散,则 $u_{n}\geqslant\dfrac{1}{n}$.

D. 若 $u_{n}<v_{n}(n=1,2,3,\cdots)$,且 $\sum_{n=1}^{\infty}u_{n}$ 发散,则 $\sum_{n=1}^{\infty}v_{n}$ 发散.

4. 设 $|a|>1$,则 $\sum_{n=0}^{\infty}(-1)^{n}\dfrac{1}{a^{n}}=$ _____.

5. 级数 $\sum_{n=2}^{\infty}\dfrac{(-1)^{n-1}}{\ln\ln n}$ _____ (填写"收敛"还是"发散").

6. 级数 $\sum_{n=0}^{\infty}\dfrac{(-1)^{n}n}{2n+3}$ _____ (填写"收敛"还是"发散").

7. 讨论级数 $-a^{\frac{1}{2}}+a^{\frac{1}{4}}-a^{\frac{1}{6}}+\cdots(a>0)$ 的敛散性.

8. 讨论级数 $\sum_{n=1}^{\infty}(-1)^{n}\dfrac{\ln n}{\sqrt{n}}$ 的敛散性.

9. 讨论级数 $\sum\limits_{n=1}^{\infty}(-1)^{n-1}\dfrac{n}{n\sqrt{n}-1}$ 的敛散性.

10. 讨论级数 $\sum\limits_{n=1}^{\infty}(-1)^{n-1}\tan\dfrac{1}{n\sqrt{n}}$ 的敛散性.

11. 证明：级数 $\sum\limits_{n=1}^{\infty}(-1)^{n-1}\sin\dfrac{x}{n}(x>0)$ 收敛.

12. 设正项数列 $\{a_n\}$ 单调下降，且 $\sum\limits_{n=1}^{\infty}(-1)^n a_n$ 发散，证明：级数 $\sum\limits_{n=1}^{\infty}\left(1-\dfrac{a_{n+1}}{a_n}\right)$ 收敛.

§10.5 任意级数

1. 下列结论正确的是( ).

A. 级数 $\sum_{n=1}^{\infty} u_n$ 收敛,必条件收敛

B. 级数 $\sum_{n=1}^{\infty} u_n$ 收敛,必绝对收敛

C. 若 $\sum_{n=1}^{\infty} |u_{n+1}|$ 收敛,则 $\sum_{n=1}^{\infty} u_n$ 收敛

D. 若 $\sum_{n=1}^{\infty} |u_n|$ 发散,则 $\sum_{n=1}^{\infty} u_n$ 条件收敛

2. 设 $a_n > 0, n = 1, 2, \cdots$,若 $\sum_{n=1}^{\infty} a_n$ 发散,$\sum_{n=1}^{\infty} (-1)^{n-1} a_n$ 收敛,则下列结论正确的是( ).

A. $\sum_{n=1}^{\infty} a_{2n-1}$ 收敛,$\sum_{n=1}^{\infty} a_{2n}$ 发散

B. $\sum_{n=1}^{\infty} a_{2n}$ 收敛,$\sum_{n=1}^{\infty} a_{2n-1}$ 发散

C. $\sum_{n=1}^{\infty} (a_{2n-1} + a_{2n})$ 收敛

D. $\sum_{n=1}^{\infty} (a_{2n-1} - a_{2n})$ 收敛

3. 若 $\sum_{n=1}^{\infty} u_n$ 收敛,下列级数中收敛的是( ).

A. $\sum_{n=1}^{\infty} (-1)^n u_n$

B. $\sum_{n=1}^{\infty} u_n^{1+\alpha} \ (\alpha > 0)$

C. $\sum_{n=1}^{\infty} u_{2n-1}$

D. $\sum_{n=1}^{\infty} \dfrac{u_n}{n^2}$

4. 级数 $\sum_{n=1}^{\infty} \dfrac{(-1)^{n+1}}{n^{\sqrt{a}}}$ 条件收敛,那么 a 满足_____.

5. 级数 $\sum_{n=1}^{\infty} \dfrac{1}{3^n} \sin \dfrac{n\pi}{3}$ _____(填写"绝对收敛""条件收敛"或"发散").

6. 级数 $\sum_{n=2}^{\infty} \left(\dfrac{1}{\sqrt{n}-1} - \dfrac{1}{\sqrt{n}+1} \right)$ _____(填写"绝对收敛""条件收敛"或"发散").

7. 讨论级数 $\sum_{n=2}^{\infty} \dfrac{(-1)^n n^2}{2^n}$ 的敛散性.

8. 讨论级数 $\sum_{n=1}^{\infty} (-1)^n \dfrac{1+(-1)^n}{n^2}$ 的敛散性.

9. 设 a 为常数,讨论级数 $\sum\limits_{n=1}^{\infty}\left[\dfrac{\sin na}{n^2}-\dfrac{1}{\sqrt{n}}\right]$ 的敛散性.

10. 讨论级数 $\sum\limits_{n=1}^{\infty}\dfrac{2}{3^n(\arctan n)^n}$ 的敛散性.

11. 设数列 $\{a_n\}$、$\{b_n\}$,若 $\lim\limits_{n\to\infty}a_n=0$ 且 $\sum\limits_{n=1}^{\infty}|b_n|$ 收敛时,证明:$\sum\limits_{n=1}^{\infty}a_n^2b_n^2$ 收敛.

12. 设有方程 $x^n+nx-1=0$,其中 n 为正整数,证明:此方程存在唯一正实根 x_n,并证明当 $\alpha>1$ 时,级数 $\sum\limits_{n=1}^{\infty}x_n^{\alpha}$ 收敛.

§10.6 函数项级数

1. 级数 $\sum\limits_{n=1}^{\infty} x^n$ 的收敛区域是（　　）.

A. $[-1, 1)$ 　　　B. $(-1, 1)$ 　　　C. $(-1, 1]$ 　　　D. $[-1, 1]$

2. 设 $\lim\limits_{n \to \infty} a_n = a (a \neq 0, a_n \neq 0)$，则级数 $\sum\limits_{n=1}^{\infty} \left(\dfrac{x}{a_n}\right)^n$（　　）.

A. 当 $|x| > 1$ 时，发散 　　　B. 当 $|a| < 1$ 时，发散

C. 当 $|x| < |a|$ 时，绝对收敛 　　　D. 当 $|x| < |a|$ 时，条件收敛

3. 级数 $\ln x + \ln^2 x + \cdots + \ln^n x + \cdots$ 的收敛域是（　　）.

A. $x < e$ 　　　B. $\dfrac{1}{e} < x < e$ 　　　C. $x > e$ 　　　D. $\dfrac{1}{e} \leqslant x \leqslant e$

4. 级数 $1 + \sqrt{x} + x + x^{\frac{3}{2}} + x^2 + x^{\frac{5}{2}} + \cdots$ 的收敛域是 _____.

5. 级数 $\sum\limits_{n=1}^{\infty} \dfrac{3^n}{n^2} x^n$ 的收敛域是 _____.

6. 级数 $\sum\limits_{n=1}^{\infty} (-1)^n \dfrac{x^{2n+1}}{2n+1}$ 的收敛域是 _____.

7. 求级数 $\sum\limits_{n=0}^{\infty} \dfrac{1}{n+1} x^{n+1}$ 的收敛域.

8. 求级数 $\sum\limits_{n=1}^{\infty} \dfrac{x^{n+1}}{n(n+1)}$ 的收敛域.

9. 求级数 $\sum\limits_{n=1}^{\infty} \dfrac{(x-1)^{2n}}{9^n}$ 的收敛域.

10. 求级数 $\sum\limits_{n=1}^{\infty}\left(x^n+\dfrac{1}{2^n x^n}\right)$ 的收敛域.

11. 求级数 $\sum\limits_{n=1}^{\infty}\dfrac{(x-5)^n}{\sqrt{n}}$ 的收敛域.

12. 求级数 $\sum\limits_{n=1}^{\infty}(2^n+3^n)(x-1)^{2n}$ 的收敛域.

§10.7 幂级数

1. 幂级数 $\sum_{n=1}^{\infty} \dfrac{x^n}{n \cdot 2^n}$ 的收敛半径 R 为（　　）.

A. $R=1$　　　　B. $R=2$　　　　C. $R=3$　　　　D. $R=+\infty$

2. 设级数 $\sum_{n=0}^{\infty} a_n(x+3)^n$ 在 $x=-1$ 处是收敛的，则此级数在 $x=1$ 处（　　）.

A. 发散　　　　B. 绝对收敛　　　　C. 条件收敛　　　　D. 不能确定敛散性

3. 设 $\sum_{n=1}^{\infty} a_n x^n$ 和 $\sum_{n=1}^{\infty} b_n x^n$ 的收敛半径分为 $\dfrac{\sqrt{5}}{3}$ 与 $\dfrac{1}{3}$，则 $\sum_{n=1}^{\infty} \dfrac{a_n^2}{b_n^2} x^n$ 的收敛半径为（　　）.

A. 5　　　　B. $\dfrac{\sqrt{5}}{3}$　　　　C. $\dfrac{1}{3}$　　　　D. $\dfrac{1}{5}$

4. 级数 $\sum_{n=1}^{\infty} 2^n x^{2n}$ 的收敛区域为_____.

5. 级数 $\sum_{n=1}^{\infty} \dfrac{3n-1}{3^n} x^{2n-1}$ 的收敛区域为_____.

6. 幂级数 $\sum_{n=0}^{\infty} a_n(x-1)^{2n}$ 在 $x=2$ 处条件收敛，则 $\sum_{n=0}^{\infty} a_n(x-1)^{2n}$ 收敛域_____.

7. 求幂级数 $\sum_{n=1}^{\infty} \left(\dfrac{2^n}{n} + \dfrac{3^n}{n^2} \right) x^n$ 的收敛域.

8. 设幂级数 $\sum_{n=0}^{\infty} a_n x^n$ 的收敛半径是 $R(0 \leqslant R < +\infty)$，求幂级数 $\sum_{n=0}^{\infty} a_n x^{2n}$ 的收敛半径.

9. 求级数 $\sum\limits_{n=1}^{\infty} \dfrac{(x-1)^{2n}}{(n+1) \cdot 4^n}$ 的收敛域.

10. 求级数 $\sum\limits_{n=1}^{\infty} n(n+1)x^{2n}$ 的收敛域.

11. 求级数 $\sum\limits_{n=1}^{\infty} \dfrac{(x-1)^n}{n3^n}$ 的收敛域.

12. 求幂级数 $\sum\limits_{n=1}^{\infty} \dfrac{e^n-(-1)^n}{n^2}x^n$ 的收敛半径.

§10.8 幂级数的运算

1. 函数项级数 $\sum_{n=1}^{\infty} nx^{n+1}$ 在 $(-1, 1)$ 内的和函数是( ).

A. $-\left(\dfrac{x}{1-x}\right)^2$ B. $\left(\dfrac{x}{1-x}\right)^2$ C. $\dfrac{-x^2}{1-x}$ D. $\dfrac{x^2}{1-x}$

2. $\sum_{n=0}^{\infty} \dfrac{(-1)^n x^{2n}}{n!}$ 在 $-\infty < x < \infty$ 的和函数是 $f(x)=(\quad)$.

A. e^{-x^2} B. e^{x^2} C. $-e^{-x^2}$ D. $-e^{x^2}$

3. 在指定区间内收敛且和函数可逐项求导的函数项级数是( ).

A. $\sum_{n=1}^{\infty} \cos \dfrac{x}{2^n} \ (x \in (0, 2\pi))$ B. $\sum_{n=1}^{\infty} \dfrac{\sin nx}{n} \ (x \in (0, 2\pi))$

C. $\sum_{n=1}^{\infty} \sin \dfrac{x}{2^n} \ (x \in (-\infty, \infty))$ D. $\sum_{n=1}^{\infty} \dfrac{e^{nx}}{n^3} \ (x \in [0, 1])$

4. 幂级数 $\sum_{n=1}^{\infty} n(x-1)^n$ 的和函数为_____.

5. 幂级数 $\sum_{n=1}^{\infty} \dfrac{x^n}{\sqrt{n}}$ 的收敛域为_____.

6. 已知幂级数 $\sum_{n=0}^{\infty} a_n(x+2)^n$ 在 $x=0$ 处收敛,在 $x=-4$ 处发散,则幂级数 $\sum_{n=0}^{\infty} a_n(x-3)^n$ 的收敛域为_____.

7. 求幂级数 $\sum_{n=1}^{\infty} nx^n$ 的和函数.

8. 求幂级数 $\sum_{n=1}^{\infty} \dfrac{x^{2n-1}}{2n-1}$ 的和函数.

9. 求级数 $\sum\limits_{n=1}^{\infty} \dfrac{1}{n \cdot 2^n}$ 的和函数.

10. 求幂级数 $\sum\limits_{n=1}^{\infty} \dfrac{2^n}{n^2+1} x^n$ 的收敛域.

11. 求级数 $\sum\limits_{n=1}^{\infty} \dfrac{n(n+1)}{2^{n-1}} x^{n-1}$ 的和,并求 $\sum\limits_{n=1}^{\infty} \dfrac{n(n+1)}{2^{n-1}}$.

12. 求幂级数 $\sum\limits_{n=1}^{\infty} \left(\dfrac{1}{2n+1} - 1 \right) x^{2n}$ 在区间$(-1, 1)$内的和函数 $S(x)$.

§10.9—10.10 泰勒级数与幂级数的应用

1. 函数 $f(x)=e^{-x}$ 开成 x 的幂级数是( ).

A. $1+x+\dfrac{x^2}{2!}+\dfrac{x^3}{3!}+\cdots$ B. $1-x+\dfrac{x^2}{2!}-\dfrac{x^3}{3!}+\cdots$

C. $x+\dfrac{x^2}{2!}+\dfrac{x^3}{3!}+\cdots$ D. $-x+\dfrac{x^2}{2!}-\dfrac{x^3}{3!}+\cdots$

2. 如果 $f(x)$ 的麦克劳林展开式为 $\sum\limits_{n=0}^{\infty}a_n x^{2n}$,则 a_n 是( ).

A. $\dfrac{f^{(n)}(0)}{n!}$ B. $\dfrac{f^{(2n)}(0)}{n!}$ C. $\dfrac{f^{(2n)}(0)}{(2n)!}$ D. $\dfrac{f^{(n)}(0)}{(2n)!}$

3. 函数 $f(x)=\sin 2x$ 展开成 x 的幂级数是( ).

A. $x-\dfrac{x^3}{3!}+\dfrac{x^5}{5!}-\dfrac{x^7}{7!}+\cdots$ B. $1-\dfrac{2^2 x^2}{2!}+\dfrac{2^4 x^4}{4!}-\dfrac{2^6 x^6}{6!}+\cdots$

C. $2x-\dfrac{2^3 x^3}{3!}+\dfrac{2^5 x^5}{5!}-\dfrac{2^7 x^7}{7!}+\cdots$ D. $1-x^2+\dfrac{x^4}{4!}-\dfrac{x^6}{6!}+\cdots$

4. 函数 $y=\sin x$ 的麦克劳林级数为_____,收敛域为_____.

5. 函数 $y=\ln(1+x)$ 的麦克劳林级数为_____,收敛域为_____.

6. $y=2^x$ 的麦克劳林公式中 x^n 项的系数是_____.

7. 求函数 $\dfrac{1}{1+x}$ 的麦克劳林级数展开式.

8. 求函数 $y=\ln(a+x)$ 在 $x_0(x_0>-a)$ 点处的泰勒展开式.

9. 求函数 $y=\sin x$ 在点 $x_0\neq 0$ 泰勒展开式.

10. 求函数 $f(x) = \dfrac{1}{1-x^2}$ 关于 x 的泰勒级数.

11. 求函数 $y = \displaystyle\int_0^x e^{-t} dt$ 关于 x 的泰勒级数.

12. 将函数 $f(x) = \dfrac{1}{x^2 - 3x - 4}$ 展开成 $x-1$ 的幂级数,并指出其收敛区间.

13. 计算 $\sin 1°$ 的近似值,精确到 10^{-4}.

14. 计算 $\displaystyle\int_0^1 e^{-x^2} dx$ 的近似值,精确到 10^{-4}.

§10.11 傅里叶级数

1. 函数 $f(x)=\pi x+x^2(-\pi<x<\pi)$ 的傅里叶级数展开式中的系数 $b_3=(\quad)$.

A. $\dfrac{\pi}{3}$ B. $\dfrac{2\pi}{3}$ C. π D. 0

2. 函数 $f(x)$ 以 2π 为周期,它在 $[-\pi,\pi)$ 上的表达式为 $f(x)=\begin{cases}-1, & -\pi\leqslant x<0, \\ 1, & 0\leqslant x<\pi,\end{cases}$ 则 $f(x)$ 的傅里叶级数在 $x=-\pi$ 收敛于($\quad$).

A. 0   B. 1   C. -1 D. 2

3. 设 $f(x)=\begin{cases}0, & 0\leqslant x<\dfrac{\pi}{2}, \\ x, & \dfrac{\pi}{2}\leqslant x\leqslant\pi,\end{cases}$ 已知 $S(x)$ 是 $f(x)$ 的以 2π 为周期的余弦级数展开式的和函数,则 $S(-3\pi)=(\quad)$.

A. $\dfrac{\pi}{2}$ B. $-\pi$ C. π D. 0

4. 设 $x^2=\sum_{n=0}^{\infty}a_n\cos nx\,(-\pi\leqslant x\leqslant\pi)$,则 $a_2=$_____.

5. 设周期为 2π 的函数 $f(x)$ 在 $[-\pi,\pi)$ 上的表达式为 $f(x)=\sin(2x)+x^4$,若

$$\dfrac{a_0}{2}+\sum_{n=1}^{\infty}(a_n\cos nx+b_n\sin nx)$$

是 $f(x)$ 的傅里叶级数,则 $b_n=$_____.

6. 函数 $f(x)$ 以 2π 为周期,它在 $(-\pi,\pi]$ 上的表达式为 $f(x)=x+\pi$,则 $f(x)$ 的傅里叶级数在 $x=\pi$ 处收敛于_____.

7. 设 $f(x)$ 是以 2π 为周期的周期函数,它在 $[-\pi,\pi)$ 上的表示式为

$$f(x)=\begin{cases}1, & -\pi\leqslant x<0, \\ -1, & 0<x<\pi.\end{cases}$$

将 $f(x)$ 展开成傅里叶级数.

8. 设 $f(x)$ 是以 2π 为周期的周期函数，它在 $[-\pi, \pi)$ 上的表示式为
$$f(x) = \begin{cases} 0, & -\pi \leqslant x < 0, \\ 1, & 0 < x < \pi. \end{cases}$$
将 $f(x)$ 展开成傅里叶级数.

9. 在 $(-\pi, \pi)$ 内把 $f(x) = \sin\dfrac{x}{4}$ 展开成以 2π 为周期的傅里叶级数.

10. 在 $(-\pi, \pi)$ 内把函数 $f(x) = \begin{cases} \cos x, & |x| \leqslant \dfrac{\pi}{2}, \\ 0, & -\pi < x < -\dfrac{\pi}{2}, \dfrac{\pi}{2} < x < \pi \end{cases}$ 展开成以 2π 为周期的傅里叶级数.

11. 在区间 $(0, \pi)$ 内把函数 $f(x) = \cos x$ 展开成以 2π 为周期的正弦级数，并写出和函数在 $[0, \pi]$ 上的表达式.

12. 设 $f(x) = \begin{cases} \sin x, & 0 < x < \dfrac{\pi}{2}, \\ 0, & \dfrac{\pi}{2} \leqslant x < \pi, \end{cases}$ 在区间 $(0, \pi)$ 内把函数 $f(x)$ 展开成以 2π 为周期的正弦级数，并写出和函数在 $(-\pi, 0)$ 上的表达式.

§10.12　一般周期函数的傅里叶级数

1. 设周期为 2π 的函数 $f(x)$ 在区间 $[-\pi,\pi]$ 上满足
$$f(x)=\begin{cases}-1, & -\pi<x\leqslant 0,\\ 1+x^2, & 0<x\leqslant\pi,\end{cases}$$
则 $f(x)$ 的傅里叶级数在 $x=\pi$ 处收敛于(　　).

A. 0　　　　　B. $\dfrac{\pi^2}{2}$　　　　　C. π^2　　　　　D. $1+\pi^2$

2. 已知函数 $f(x)$ 周期为 2,且 $f(x)=\begin{cases}x+3, & 0\leqslant x\leqslant 1,\\ 0, & -1\leqslant x<0,\end{cases}$ 则 $f(x)$ 的傅里叶级数在 $x=2\,023$ 处收敛于(　　).

A. 2　　　　　B. 1　　　　　C. 0　　　　　D. 3

3. 已知函数 $f(x)$ 周期为 2,且 $f(x)=\begin{cases}x, & 0\leqslant x\leqslant 1,\\ 0, & -1\leqslant x<0,\end{cases}$ 则 $f(x)$ 的傅里叶级数在 $x=2$ 处收敛于(　　).

A. 3　　　　　B. 2　　　　　C. 1　　　　　D. 0

4. 设 $f(x)=\begin{cases}x, & 0\leqslant x\leqslant \dfrac{1}{2},\\ 1, & \dfrac{1}{2}<x<1,\end{cases}$ 它的余弦级数 $S(x)=\dfrac{a_0}{2}+\sum\limits_{n=1}^{\infty}a_n\cos n\pi x(-\infty<x<\infty)$,则 $S\left(-\dfrac{5}{2}\right)=$ _____.

5. 已知 $f(x)=x+1,x\in[0,1)$,$S(x)$ 是 $f(x)$ 的周期为 1 的三角级数的和函数,则 $S(0)$ 的值为_____.

6. 设 $f(x)$ 是以 3 为周期的周期函数,已知 $f(x)=\begin{cases}1+x, & -1\leqslant x<0,\\ x, & 0\leqslant x<2,\end{cases}$ 又设 $f(x)$ 的傅里叶级数展开式的和函数为 $S(x)$,则 $S(3)=$ _____.

7. 将函数 $f(x)=|x|,-1\leqslant x<1$ 且周期为 2 展开为傅里叶级数.

8. 把函数 $f(x)=x$，$0\leqslant x\leqslant \pi$ 展开成以 2π 为周期的余弦级数.

9. 在 $[0,1]$ 内把函数 $f(x)=x+1$ 展开成余弦级数.

10. 在 $[0,1]$ 内把函数 $f(x)=x+1$ 展开成正弦级数.

11. 将函数 $f(x)=x-1(x\in[0,2])$ 展开成余弦级数，并求级数 $\sum\limits_{n=1}^{\infty}\dfrac{1}{n^2}$ 的和.

12. 将函数 $f(x)=\begin{cases}x, & 0\leqslant x\leqslant 1,\\ 2-x, & 1<x\leqslant 2\end{cases}$ 在 $[0,2]$ 上展开成周期为 4 的傅里叶正弦级数.

第 11 章 微 分 方 程

1. 基本要求

(1) 了解微分方程及其解、通解、初始条件和特解等概念；

(2) 掌握变量可分离微分方程、齐次方程(包括可化为齐次方程的方程)、一阶线性微分方程(包括伯努利方程)和全微分方程的求解方法；

(3) 会用降阶法解下列方程：$y^{(n)}=f(x), y''=f(x,y'), y''=f(y,y')$；

(4) 理解线性微分方程解的性质及解的结构定理；

(5) 掌握二阶常系数齐次线性微分方程的解法，了解高阶常系数齐次线性微分方程的解法；

(6) 掌握二阶常系数非齐次线性微分方程的解法(自由项由多项式、指数函数、正弦函数、余弦函数及它们的和、积构成)；

(7) 会解二阶欧拉方程；

(8) 会解二阶差分方程；

(9) 会用微分方程求解一些简单的实际应用问题.

2. 重点内容

(1) 求解变量可分离微分方程、齐次方程、一阶线性微分方程、可降阶微分方程、二阶常系数线性微分方程、二阶欧拉方程；(2) 线性微分方程解的性质及解的结构定理.

3. 难点内容

(1) 可降阶微分方程；(2) 二阶常系数非齐次线性微分方程的解法(自由项由多项式、指数函数、正弦函数、余弦函数及它们的和、积构成)；(3) 实际应用问题.

§11.1 微分方程的基本概念

包含自变量、未知函数以及未知函数导数的等式称为微分方程. 若微分方程所涉及的未知函数都是一元函数，这类微分方程称为常微分方程，而未知函数是多元函数的微分方程称为偏微分方程.

一般地，以 x 为自变量，y 为未知函数的 n 阶微分方程具有如下形式：

$$F\left(x, y, \frac{dy}{dx}, \cdots, \frac{d^n y}{dx^n}\right)=0. \tag{11.1}$$

注：在式(11.1)中，项 $\dfrac{d^n y}{dx^n}$ 必须出现，而 x、y、$\dfrac{dy}{dx}$、$\cdots$、$\dfrac{d^{n-1} y}{dx^{n-1}}$ 可以不出现.

如果能从式(11.1)中解出最高阶导数 $\dfrac{\mathrm{d}^n y}{\mathrm{d}x^n}$，则 n 阶微分方程可表示为

$$\frac{\mathrm{d}^n y}{\mathrm{d}x^n} = f\left(x, y, \frac{\mathrm{d}y}{\mathrm{d}x}, \cdots, \frac{\mathrm{d}^{n-1} y}{\mathrm{d}x^{n-1}}\right). \tag{11.2}$$

特别地，如果式(11.2)中的 f 是 y、$\dfrac{\mathrm{d}y}{\mathrm{d}x}$、$\cdots$、$\dfrac{\mathrm{d}^{n-1} y}{\mathrm{d}x^{n-1}}$ 的一次有理整式，则称式(11.2)为 n 阶线性微分方程，其一般形式为

$$\frac{\mathrm{d}^n y}{\mathrm{d}x^n} + P_1(x)\frac{\mathrm{d}^{n-1} y}{\mathrm{d}x^{n-1}} + P_2(x)\frac{\mathrm{d}^{n-2} y}{\mathrm{d}x^{n-2}} + \cdots + P_{n-1}(x)\frac{\mathrm{d}y}{\mathrm{d}x} + P_n(x)y = f(x).$$

满足微分方程(11.1)或(11.2)的函数称为 $y=f(x)$ 在区间 I 上的解. $F(x,y)=0$ 称为微分方程的隐式解.

如果微分方程的解中还含有与阶相同个数的任意常数，且所含的任意常数不能相互合并(称为相互独立)，这样的解称为微分方程的通解. 当其中的任意常数取遍所有可能的值时，通解给出了微分方程全部的解(可能有个别例外). 此外，由特定问题所满足的条件确定通解中任意常数的取值，由此所得到的解称为微分方程的特解.

由于 n 阶微分方程的通解含有 n 个任意常数，所以求特解时一般需要 n 个初始条件，其形式为

$$y\big|_{x=x_0} = y_0,\ \frac{\mathrm{d}y}{\mathrm{d}x}\bigg|_{x=x_0} = y_1,\ \cdots,\ \frac{\mathrm{d}^{n-1} y}{\mathrm{d}x^{n-1}}\bigg|_{x=x_0} = y_{n-1}.$$

§11.2 可分离变量的微分方程

形如 $\dfrac{\mathrm{d}y}{\mathrm{d}x} = f(x)g(y)$ 的微分方程称为可分离变量微分方程，可变形为

$$\frac{\mathrm{d}y}{g(y)} = f(x)\mathrm{d}x.$$

两端积分，有 $\displaystyle\int \frac{\mathrm{d}y}{g(y)} = \int f(x)\mathrm{d}x + C$，得隐式解 $\Phi(x, y, C) = 0$.

§11.3 齐次方程

1. 齐次方程概念和解法

形如 $\dfrac{\mathrm{d}y}{\mathrm{d}x} = g\left(\dfrac{y}{x}\right)$ 的微分方程称为齐次方程. 设 $y = xu$，则有 $\dfrac{\mathrm{d}y}{\mathrm{d}x} = u + x\dfrac{\mathrm{d}u}{\mathrm{d}x}$，代入齐次微分方程，得到 $u + x\dfrac{\mathrm{d}u}{\mathrm{d}x} = g(u)$，化简为 $\dfrac{\mathrm{d}u}{g(u)-u} = \dfrac{\mathrm{d}x}{x}$，积分得到其通解

$$\int \frac{\mathrm{d}u}{g(u)-u}=\ln|x|+C.$$

再将 $\frac{y}{x}$ 替代 u，得到原齐次微分方程的通解.

2. 可化为齐次的微分方程

设微分方程 $\frac{\mathrm{d}y}{\mathrm{d}x}=f\left(\frac{a_1x+b_1y+c_1}{a_2x+b_2y+c_2}\right)$，其中 $\frac{a_2}{a_1}\neq\frac{b_2}{b_1}$. 选取 h 和 k，使得

$$\begin{cases}a_1h+b_1k+c_1=0,\\ a_2h+b_2k+c_2=0.\end{cases}$$

作变量替换 $x=X+h$、$y=Y+k$，则原微分方程化为齐次微分方程，即

$$\frac{\mathrm{d}Y}{\mathrm{d}X}=f\left(\frac{a_1X+b_1Y}{a_2X+b_2Y}\right).$$

§11.4 一阶线性微分方程

1. 一阶线性微分方程

形如 $\frac{\mathrm{d}y}{\mathrm{d}x}+P(x)y=Q(x)$ 的方程称为一阶线性微分方程，其中 $P(x)$ 和 $Q(x)$ 都是已知函数. 假设它们在所考虑的区间上连续，当 $Q(x)\equiv 0$ 时，称为一阶齐次线性微分方程；当 $Q(x)\not\equiv 0$ 时，称为一阶非齐次线性微分方程.

利用常数变易法，可以推出一阶线性微分方程的通解为

$$y=\mathrm{e}^{-\int P(x)\mathrm{d}x}\left(\int Q(x)\mathrm{e}^{\int P(x)\mathrm{d}x}\mathrm{d}x+C\right).$$

2. 伯努利方程

形如 $\frac{\mathrm{d}y}{\mathrm{d}x}+P(x)y=Q(x)y^n(n\neq 0,1)$ 的方程称为伯努利方程. 通过变量代换 $z=y^{1-n}$，原方程转化为一阶线性微分方程

$$\frac{\mathrm{d}z}{\mathrm{d}x}+(1-n)P(x)z=(1-n)Q(x).$$

§11.5 全微分方程

1. 全微分方程概念

设 $u=u(x,y)$ 为二元函数，它的全微分为

$$\mathrm{d}u(x, y) = P(x, y)\mathrm{d}x + Q(x, y)\mathrm{d}y,$$

则称 $P(x, y)\mathrm{d}x + Q(x, y)\mathrm{d}y = 0$ 为全微分方程,其通解为 $u(x, y) = C$.

2. 性质

设 $P(x, y)$ 和 $Q(x, y)$ 在单连通区域 G 内具有一阶连续偏导数,则微分方程

$$P(x, y)\mathrm{d}x + Q(x, y)\mathrm{d}y = 0 \tag{11.3}$$

为全微分方程的充分必要条件是 $\dfrac{\partial P}{\partial y} = \dfrac{\partial Q}{\partial x}$, $x \in G$ 恒成立. 此时方程(11.3)的通解为

$$\int_{x_0}^{x} P(x, y)\mathrm{d}x + \int_{y_0}^{y} Q(x_0, y)\mathrm{d}y = C,$$

式中:x_0 和 y_0 是 G 内适当选定的点 $M(x_0, y_0)$ 的坐标.

3. 积分因子法计算全微分方程

一般来说,对于微分方程(11.3)而言,未必满足 $\dfrac{\partial P}{\partial y} = \dfrac{\partial Q}{\partial x}$. 此时如有连续可微函数 $\mu(x, y) \neq 0$,使得方程 $\mu(x, y)P(x, y)\mathrm{d}x + \mu(x, y)Q(x, y)\mathrm{d}y = 0$ 为全微分方程,则称 $\mu(x, y)$ 是方程(11.3)的积分因子. 这样,求解方程(11.3)的问题就等价转化为求解全微分方程.

常见的积分因子有 $\dfrac{1}{y^2}$、$\dfrac{1}{x^2}$、$\dfrac{1}{xy}$、$\dfrac{1}{x^2 + y^2}$.

§11.6 可降阶的高阶微分方程

1. $\dfrac{\mathrm{d}^2 y}{\mathrm{d}x^2} = f\left(x, \dfrac{\mathrm{d}y}{\mathrm{d}x}\right)$ 型微分方程

对于微分方程 $\dfrac{\mathrm{d}^2 y}{\mathrm{d}x^2} = f\left(x, \dfrac{\mathrm{d}y}{\mathrm{d}x}\right)$,如果令 $\dfrac{\mathrm{d}y}{\mathrm{d}x} = p$,则变为关于 x 和 p 的一阶微分方程 $\dfrac{\mathrm{d}p}{\mathrm{d}x} = f(x, p)$. 设此方程的通解为 $p = \varphi(x, C_1)$,则由方程 $\dfrac{\mathrm{d}y}{\mathrm{d}x} = \varphi(x, C_1)$,求出原方程的通解为 $y = \int \varphi(x, C_1)\mathrm{d}x + C_2$.

进一步地,对于形如 $\dfrac{\mathrm{d}^n y}{\mathrm{d}x^n} = f\left(x, \dfrac{\mathrm{d}^{n-1} y}{\mathrm{d}x^{n-1}}\right)$ 的 n 阶微分方程,若令 $\dfrac{\mathrm{d}^{n-1} y}{\mathrm{d}x^{n-1}} = p$,也可导出一阶微分方程 $\dfrac{\mathrm{d}p}{\mathrm{d}x} = f(x, p)$. 对此方程的解 $p = \varphi(x, C_1)$ 积分 $n-1$ 次,即可得到原方程的通解.

2. $\dfrac{\mathrm{d}^2 y}{\mathrm{d}x^2} = f\left(y, \dfrac{\mathrm{d}y}{\mathrm{d}x}\right)$ 型微分方程

对于微分方程 $\dfrac{\mathrm{d}^2 y}{\mathrm{d}x^2} = f\left(y, \dfrac{\mathrm{d}y}{\mathrm{d}x}\right)$,令 $\dfrac{\mathrm{d}y}{\mathrm{d}x} = p$,并将 p 看作新的未知函数,y 看作新的自

变量,有 $\dfrac{\mathrm{d}^2 y}{\mathrm{d}x^2} = \dfrac{\mathrm{d}p}{\mathrm{d}x} = \dfrac{\mathrm{d}p}{\mathrm{d}y} \cdot \dfrac{\mathrm{d}y}{\mathrm{d}x} = p\dfrac{\mathrm{d}p}{\mathrm{d}y}$. 这样,原方程化为关于 y 和 p 的一阶微分方程

$$p\dfrac{\mathrm{d}p}{\mathrm{d}y} = f(y, p).$$

若该方程的通解为 $p = \varphi(y, C_1)$,将 p 用 $\dfrac{\mathrm{d}y}{\mathrm{d}x}$ 代入,有 $\dfrac{\mathrm{d}y}{\mathrm{d}x} = \varphi(y, C_1)$. 最后,对此方程分离变量并积分,得到原方程的通解 $\displaystyle\int \dfrac{\mathrm{d}y}{\varphi(y, C_1)} = x + C_2$.

进一步地,对于形如 $\dfrac{\mathrm{d}^n y}{\mathrm{d}x^n} = f\left(\dfrac{\mathrm{d}^{n-2} y}{\mathrm{d}x^{n-2}}, \dfrac{\mathrm{d}^{n-1} y}{\mathrm{d}x^{n-1}}\right)$ 的 n 阶微分方程,若令 $\dfrac{\mathrm{d}^{n-2} y}{\mathrm{d}x^{n-2}} = z$,则有 $\dfrac{\mathrm{d}^2 z}{\mathrm{d}x^2} = f\left(z, \dfrac{\mathrm{d}z}{\mathrm{d}x}\right)$. 求出 z 后再积分 $n - 2$ 次,便可得到原方程的通解.

§11.7 高阶线性微分方程解的结构

1. 齐次线性微分方程解的结构

考虑二阶齐次线性微分方程

$$\dfrac{\mathrm{d}^2 y}{\mathrm{d}x^2} + P(x)\dfrac{\mathrm{d}y}{\mathrm{d}x} + Q(x)y = 0. \tag{11.4}$$

如果 $y_1(x)$ 和 $y_2(x)$ 都是齐次线性微分方程(11.4)的解,则 $y = C_1 y_1(x) + C_2 y_2(x)$ 也是方程(11.4)的解,其中 C_1 和 C_2 是任意常数. 如果 $y_1(x)$ 和 $y_2(x)$ 是齐次线性微分方程(11.4)的两个线性无关的特解,则 $y = C_1 y_1(x) + C_2 y_2(x)$ 为该方程的通解,其中 C_1 和 C_2 是任意常数.

注: 设 $y_1(x)$、$y_2(x)$、$\cdots$、$y_n(x)$ 为定义在区间 I 上的 n 个函数,如果存在 n 个不全为 0 的常数 k_1、k_2、$\cdots$、k_n,使得 $k_1 y_1(x) + k_2 y_2(x) + \cdots + k_n y_n(x) \equiv 0$,$x \in I$,则称这 n 个函数在区间 I 上线性相关;否则,称线性无关.

如果 $y_1(x)$、$y_2(x)$、$\cdots$、$y_n(x)$ 是 n 阶齐次线性微分方程

$$\dfrac{\mathrm{d}^n y}{\mathrm{d}x^n} + P_1(x)\dfrac{\mathrm{d}^{n-1} y}{\mathrm{d}x^{n-1}} + \cdots + P_{n-1}(x)\dfrac{\mathrm{d}y}{\mathrm{d}x} + P_n(x)y = 0$$

的 n 个线性无关的特解,则 $y = C_1 y_1(x) + C_2 y_2(x) + \cdots + C_n y_n(x)$ 为该方程的通解,其中 C_1、C_1、$\cdots$、C_n 是任意常数.

2. 非齐次线性微分方程解的结构

设 $y^*(x)$ 是二阶非齐次线性微分方程

$$\dfrac{\mathrm{d}^2 y}{\mathrm{d}x^2} + P(x)\dfrac{\mathrm{d}y}{\mathrm{d}x} + Q(x)y = f(x) \tag{11.5}$$

的一个特解. $Y(x)$ 是与方程(11.5)对应的齐次线性微分方程(11.4)的通解,那么 $y =$

$Y(x)+y^*(x)$ 是二阶非齐次线性微分方程(11.5)的通解.

设 $y_1^*(x)$ 和 $y_2^*(x)$ 分别是方程

$$\frac{\mathrm{d}^2y}{\mathrm{d}x^2}+P(x)\frac{\mathrm{d}y}{\mathrm{d}x}+Q(x)y=f_1(x), \quad \frac{\mathrm{d}^2y}{\mathrm{d}x^2}+P(x)\frac{\mathrm{d}y}{\mathrm{d}x}+Q(x)y=f_2(x)$$

的特解,那么 $y_1^*(x)+y_2^*(x)$ 是方程 $\frac{\mathrm{d}^2y}{\mathrm{d}x^2}+P(x)\frac{\mathrm{d}y}{\mathrm{d}x}+Q(x)y=f_1(x)+f_2(x)$ 的特解.

§11.8 常系数齐次线性微分方程

1. 二阶常系数齐次线性微分方程

设 p 和 q 都是常数,有下列结论成立:

特征方程 $r^2+pr+q=0$ 的两个根 r_1、r_2	微分方程 $\frac{\mathrm{d}^2y}{\mathrm{d}x^2}+p\frac{\mathrm{d}y}{\mathrm{d}x}+qy=0$ 的通解
两个不相等的实根 r_1、r_2	$y=C_1\mathrm{e}^{r_1x}+C_2\mathrm{e}^{r_2x}$
两个相等的实根 $r_1=r_2=r$	$y=(C_1+C_2x)\mathrm{e}^{rx}$
一对共轭复根 $r_{1,2}=\alpha\pm\mathrm{i}\beta$	$y=\mathrm{e}^{\alpha x}(C_1\cos\beta x+C_2\sin\beta x)$

2. n 阶常系数齐次线性微分方程

对于线性微分方程

$$\frac{\mathrm{d}^ny}{\mathrm{d}x^n}+p_1\frac{\mathrm{d}^{n-1}y}{\mathrm{d}x^{n-1}}+p_2\frac{\mathrm{d}^{n-2}y}{\mathrm{d}x^{n-2}}+\cdots+p_{n-1}\frac{\mathrm{d}y}{\mathrm{d}x}+p_ny=0,$$

式中:p_1、p_2、$\cdots$、p_{n-1}、p_n 为常数,有下列结论成立:

特征方程的根	微分方程的通解中对应的项
单实根 r	给出一项 $C\mathrm{e}^{rx}$
k 重实根 r	给出 k 项 $(C_1+C_2x+\cdots+C_kx^{k-1})\mathrm{e}^{rx}$
一对单共轭复根 $\alpha\pm\mathrm{i}\beta$	给出两项 $\mathrm{e}^{\alpha x}(C_1\cos\beta x+C_2\sin\beta x)$
一对 k 重共轭复根 $\alpha\pm\mathrm{i}\beta$	给出 $2k$ 项 $\mathrm{e}^{\alpha x}[(C_1+C_2x+\cdots+C_kx^{k-1})\cos\beta x+(D_1+D_2x+\cdots+D_kx^{k-1})\sin\beta x]$

§11.9 常系数非齐次线性微分方程

1. 求解二阶常系数非齐次线性微分方程

考察二阶常系数非齐次线性微分方程

$$\frac{d^2 y}{dx^2} + p\frac{dy}{dx} + qy = f(x)$$

的解,其中 p 和 q 都是常数,$f(x)$ 是连续函数.

(1) $f(x) = P_m(x)e^{\lambda x}$ 的情形 ($P_m(x)$ 为 m 次实系数多项式):

二阶常系数非齐次线性微分方程有形如 $y^*(x) = x^k Q_m(x) e^{\lambda x}$ 的特解,其中 $Q_m(x)$ 是与 $P_m(x)$ 同次的多项式,k 表示特征方程 $r^2 + pr + q = 0$ 的根 λ 的重数,按 λ 不是特征方程的根、是特征方程的单根以及是特征方程的二重根依次取 0、1 和 2.

(2) $f(x) = P_m(x)e^{\lambda x}\cos\omega x$ (或 $P_m(x)e^{\lambda x}\sin\omega x$) 的情形:

二阶常系数非齐次线性微分方程有形如

$$y^*(x) = x^k e^{\lambda x}[Q_m^{(1)}(x)\cos\omega x + Q_m^{(2)}(x)\sin\omega x]$$

的特解,其中 k 是特征方程 $r^2 + pr + q = 0$ 的根 $\lambda + i\omega$ 的重数(当 $\lambda + i\omega$ 不是特征方程的根时,取 $k = 0$),$Q_m^{(1)}(x)$ 和 $Q_m^{(2)}(x)$ 都是实系数的待定多项式,且次数不超过 m.

§11.10 欧拉方程

1. 欧拉方程的概念

形如

$$x^n \frac{d^n y}{dx^n} + p_1 x^{n-1}\frac{d^{n-1} y}{dx^{n-1}} + p_2 x^{n-2}\frac{d^{n-2} y}{dx^{n-2}} + \cdots + p_{n-1} x \frac{dy}{dx} + p_n y = 0$$

的方程称为欧拉方程,其中 $p_1、p_2、\cdots、p_{n-1}、p_n$ 都是常数.

2. 求解欧拉方程

不妨设 $x > 0$,引入自变量代换 $x = e^t$ 或 $t = \ln x$. 记 $\dfrac{d}{dt}$ 和 $\dfrac{d^k}{dt^k}$ 分别为 D 和 D^k,则有 $x^k \dfrac{d^k y}{dx^k} = D(D-1)\cdots(D-k+1)y$. 将其代入欧拉方程,可导出以 t 为自变量,y 为未知函数的常系数线性微分方程. 求出此方程的解后,用 $\ln x$ 代替 t,就得到原方程的解.

§11.11 差分方程

1. 差分的概念

用 y_x 表示定义在非负整数集上的函数 $y = f(x)$,称增量 $y_{x+1} - y_x$ 为函数 y_x 的(向前)差分,也称为一阶差分,记为 Δy_x,即 $\Delta y_x = y_{x+1} - y_x$. 一阶差分的差分称为二阶差分,记为 $\Delta^2 y_x$. 一般地,函数 y_x 的 $n-1$ 阶差分的差分称为 n 阶差分,记为 $\Delta^n y_x$,即

$$\Delta^n y_x = \Delta(\Delta^{n-1} y_x) = \sum_{j=0}^{n}(-1)^j C_n^j y_{x+n-j}.$$

二阶及二阶以上的差分统称为高阶差分.

2. 差分方程的基本概念

形如 $F(x, y_x, \Delta y_x, \cdots, \Delta^n y_x) = 0$ 或 $G(x, y_x, y_{x+1}, \cdots, y_{x+n}) = 0$ 的方程称为 n 阶差分方程,称下列方程为 n 阶线性差分方程:

$$y_{x+n} + P_1(x)y_{x+n-1} + P_2(x)y_{x+n-2} + \cdots + P_{n-1}(x)y_{x+1} + P_n(x)y_x = f(x),$$

式中:$P_n(x) \neq 0$. 当 $f(x) \equiv 0$ 时,称其为 n 阶齐次线性差分方程;否则,称为 n 阶非齐次线性差分方程. 与微分方程类似,差分方程也有解、通解、特解类似概念.

3. 线性差分方程解的结构

(1) 如果 $y_1(x)$、$y_2(x)$、$\cdots$、$y_k(x)$ 是 n 阶齐次线性差分方程

$$y_{x+n} + P_1(x)y_{x+n-1} + P_2(x)y_{x+n-2} + \cdots + P_{n-1}(x)y_{x+1} + P_n(x)y_x = 0$$

的 k 个解,则它们的线性组合 $C_1 y_1(x) + C_2 y_2(x) + \cdots + C_k y_k(x)$ 也是该方程的解,其中 C_1、C_2、$\cdots$、C_k 是任意常数.

(2) 如果 $y_1(x)$、$y_2(x)$、$\cdots$、$y_n(x)$ 是 n 阶齐次线性差分方程的 n 个线性无关的特解,则 $y_x = C_1 y_1(x) + C_2 y_2(x) + \cdots + C_n y_n(x)$ 为该方程的通解,其中 C_1、C_2、$\cdots$、C_n 是任意常数.

(3) 设 y_x^* 是 n 阶非齐次线性差分方程的一个特解,Y_x 是与其对应的 n 阶齐次线性差分方程的通解,那么 $y_x = Y_x + y_x^*$ 是 n 阶非齐次线性差分方程的通解.

(4) 设 $y_1^*(x)$ 和 $y_2^*(x)$ 分别是线性差分方程

$$y_{x+n} + P_1(x)y_{x+n-1} + P_2(x)y_{x+n-2} + \cdots + P_{n-1}(x)y_{x+1} + P_n(x)y_x = f_1(x)$$

和

$$y_{x+n} + P_1(x)y_{x+n-1} + P_2(x)y_{x+n-2} + \cdots + P_{n-1}(x)y_{x+1} + P_n(x)y_x = f_2(x)$$

的特解,那么 $y_1^*(x) + y_2^*(x)$ 是线性差分方程

$$y_{x+n} + P_1(x)y_{x+n-1} + P_2(x)y_{x+n-2} + \cdots + P_{n-1}(x)y_{x+1} + P_n(x)y_x = f_1(x) + f_2(x)$$

的特解.

4. 一阶常系数线性差分方程

(1) $y_{x+1} + py_x = 0$ 的通解为 $y_x = C(-p)^x$.

(2) $y_{x+1} + py_x = f(x)$ 的特解形式如下:

$f(x)$ 的形式	差分方程的特解 y_x^* 的待定形式
$P_m(x)\lambda^x$	$x^k Q_m(x)\lambda^x, k = \begin{cases} 0, & \lambda \text{ 非特征方程的根}, \\ 1, & \lambda \text{ 是特征方程的根}. \end{cases}$
$P_m(x)\lambda^x \cos \omega x$ 或 $P_m(x)\lambda^x \sin \omega x$	$x^k \lambda^x (Q_m^{(1)}(x)\cos \omega x + Q_m^{(2)}(x)\sin \omega x), k = \begin{cases} 0, & \lambda e^{i\omega} \text{ 非特征方程的根}, \\ 1, & \lambda e^{i\omega} \text{ 是特征方程的根}. \end{cases}$

5. 高阶常系数齐次线性差分方程

(1) 差分方程 $y_{x+2}+py_{x+1}+qy_x=0$ 的通解：

特征方程 $r^2+pr+q=0$ 的两个根 r_1、r_2	差分方程 $y_{x+2}+py_{x+1}+qy_x=0$ 的通解
两个不相等的实根 r_1、r_2	$y_x=C_1r_1^x+C_2r_2^x$
两个相等的实根 $r_1=r_2=r$	$y_x=(C_1+C_2x)r^x$
一对共轭复根 $r_{1,2}=\alpha\pm i\beta=\rho e^{\pm i\theta}$	$y_x=\rho^x(C_1\cos\theta x+C_2\sin\theta x)$

(2) 二阶常系数非齐次线性差分方程 $y_{x+2}+py_{x+1}+qy_x=f(x)$，其中常数 $q\neq 0$. 其特解形式如下：

$f(x)$ 的形式	差分方程的特解 y_x^* 的待定形式
$P_m(x)\lambda^x$	$x^kQ_m(x)\lambda^x$，k 是特征方程的根 λ 的重数（λ 不是根时，k 取 0）
$P_m(x)\lambda^x\cos\omega x$ 或 $P_m(x)\lambda^x\sin\omega x$	$x^k\lambda^x(Q_m^{(1)}(x)\cos\omega x+Q_m^{(2)}(x)\sin\omega x)$，$k$ 是特征方程的根 $\lambda e^{i\omega}$ 的重数（$\lambda e^{i\omega}$ 不是根时，k 取 0）

§11.1 微分方程的基本概念

1. 下列函数为微分方程 $x\dfrac{\mathrm{d}y}{\mathrm{d}x}+y=\cos x$ 的解是( ).

A. $\sin x$ B. $\dfrac{\sin x}{x}$ C. $\cos x$ D. $x\sin x$

2. 下列函数为微分方程 $\dfrac{\mathrm{d}^2y}{\mathrm{d}x^2}+2\dfrac{\mathrm{d}y}{\mathrm{d}x}+y=0$ 的解是( ).

A. $x^2\mathrm{e}^{-x}$ B. e^x C. $x\mathrm{e}^{-x}$ D. $x\mathrm{e}^x$

3. 通解是 $y=(C_1x+C_2)\mathrm{e}^x+x$ 的微分方程为( ).

A. $\dfrac{\mathrm{d}^2y}{\mathrm{d}x^2}+2\dfrac{\mathrm{d}y}{\mathrm{d}x}+y=2+x$ B. $\dfrac{\mathrm{d}^2y}{\mathrm{d}x^2}-2\dfrac{\mathrm{d}y}{\mathrm{d}x}+y=x-1$

C. $\dfrac{\mathrm{d}^2y}{\mathrm{d}x^2}+2\dfrac{\mathrm{d}y}{\mathrm{d}x}+y=x+1$ D. $\dfrac{\mathrm{d}^2y}{\mathrm{d}x^2}-2\dfrac{\mathrm{d}y}{\mathrm{d}x}+y=x-2$

4. 微分方程所涉及的未知函数都是一元函数,这类微分方程称为_____.

5. 设 $y=(C_1+C_2x)\mathrm{e}^{2x}$,$y\big|_{x=0}=0$,$\dfrac{\mathrm{d}y}{\mathrm{d}x}\big|_{x=0}=1$,则 $(C_1,C_2)=$_____.

6. 微分方程 $x^4\dfrac{\mathrm{d}^4y}{\mathrm{d}x^4}+x^2\dfrac{\mathrm{d}^2y}{\mathrm{d}x^2}-2y=\sin x$ 的阶是_____.

7. 验证:二元方程 $x^2-xy+y^2=C$ 所确定的函数为微分方程 $(x-2y)y'=2x-y$ 的解.

8. 验证:二元方程 $y=\ln(xy)$ 所确定的函数为微分方程 $(xy-x)y''+xy'^2+yy'-2y'=0$ 的解.

9. 曲线在点(x,y)处的切线的斜率等于该点横坐标的平方,写出该曲线所满足的微分方程.

10. 曲线上点$P(x,y)$处的法线与x轴的交点为Q,且线段PQ被y轴平分,写出该曲线满足的微分方程.

11. 用微分方程表示一物理命题:某种气体的气压P对于温度T的变化率与气压成正比,与温度的平方成反比.

12. 给定一阶微分方程$\dfrac{\mathrm{d}y}{\mathrm{d}x}=\dfrac{1}{1+x^2}$,求出它的通解.

§11.2 可分离变量的微分方程

1. 微分方程 $\dfrac{\mathrm{d}y}{\mathrm{d}x}=\mathrm{e}^{x-y}$ 的通解是（   ）.

A. $y=C\mathrm{e}^x$ \qquad B. $y=\ln(\mathrm{e}^x+C)$

C. $y=C+\mathrm{e}^x$ \qquad D. $y=x$

2. 微分方程 $y\mathrm{d}x+x\mathrm{d}y=\mathrm{d}x$ 的通解是（   ）.

A. $y=xy+C$ \qquad B. $y=xy+x+C$

C. $y=xy-y+C$ \qquad D. $y=xy-x+C$

3. 微分方程 $\dfrac{\mathrm{d}y}{\mathrm{d}x}=(1+y^2)(1+2x)$ 的通解是（   ）.

A. $\arctan y=x+x^2+C$ \qquad B. $\arctan y=x+x^2$

C. $\arcsin y=x+x^2$ \qquad D. $\arcsin y=x+x^2+C$

4. 形如 $\dfrac{\mathrm{d}y}{\mathrm{d}x}=f(x)g(y)$ 的微分方程称为_____.

5. $\dfrac{\mathrm{d}y}{\mathrm{d}x}=\dfrac{y}{x}$ 的通解为_____.

6. $x\mathrm{d}y=y\mathrm{d}x$ 的通解为_____.

7. 求微分方程 $xy'-y\ln y=0$ 的通解.

8. 求微分方程 $\dfrac{\mathrm{d}y}{\mathrm{d}x}=10^{x+y}$ 的通解.

9. 求微分方程 $y'=\mathrm{e}^{2x-y}$ 满足初值条件 $y\big|_{x=0}=0$ 的特解.

10. 求微分方程 $\cos x \sin y\, dy = \cos y \sin x\, dx$ 满足初值条件 $y\big|_{x=0} = \dfrac{\pi}{4}$ 的特解.

11. 一曲线通过点 $(1,3)$,且在其上任一点的切线斜率等于自原点到该切线的连线斜率的两倍,求该曲线的方程.

12. 一曲线通过点 $(2,3)$,它在两坐标轴间的任一切线线段被切点所平分,求该曲线的方程.

§11.3 齐次方程

1. 下列方程是齐次方程的是(　　).

A. $\dfrac{\mathrm{d}y}{\mathrm{d}x}=\dfrac{x+1}{y-1}$ B. $y\mathrm{d}x+x\mathrm{d}y=0$

C. $y''-y'=0$ D. $\mathrm{d}y=x\mathrm{d}x$

2. 齐次方程 $x\mathrm{d}x=y\mathrm{d}y$ 的通解是(　　).

A. $x^2=y^2$ B. $x=y+C$ C. $x^2=y^2+C$ D. $y=Cx$

3. 微分方程 $\dfrac{\mathrm{d}y}{\mathrm{d}x}=f\left(\dfrac{y}{x}\right)$ 通过替换 $u=\dfrac{y}{x}$ 可化为分离变量微分方程(　　).

A. $\dfrac{\mathrm{d}u}{\mathrm{d}x}=f(u)$ B. $\dfrac{\mathrm{d}u}{f(u)-u}=\dfrac{\mathrm{d}x}{x}$

C. $\dfrac{\mathrm{d}u}{\mathrm{d}x}=f(u)-u$ D. $x\dfrac{\mathrm{d}u}{\mathrm{d}x}=f(u)$

4. 形如 $\dfrac{\mathrm{d}y}{\mathrm{d}x}=g\left(\dfrac{y}{x}\right)$ 的微分方程称为_____.

5. 设 $x=X+h$、$y=Y+k$,如果 $\dfrac{3x+4y-7}{2x+3y-5}=\dfrac{3X+4Y}{2X+3Y}$,则 $(h,k)=$_____.

6. 微分方程 $\dfrac{\mathrm{d}y}{\mathrm{d}x}=\dfrac{a_1x+b_1y+c_1}{\lambda(a_1x+b_1y)+c_2}$ 作变量替换 $u=a_1x+b_1y$,可化为_____.

7. 求齐次方程 $(y^2-3x^2)\mathrm{d}y+2xy\mathrm{d}x=0$ 满足初值条件 $y\big|_{x=0}=1$ 的特解.

8. 求齐次方程 $y'=\dfrac{x}{y}+\dfrac{y}{x}$ 满足初值条件 $y\big|_{x=1}=2$ 的特解.

9. 求齐次方程 $(x^2+2xy-y^2)\mathrm{d}x+(y^2+2xy-x^2)\mathrm{d}y=0$ 满足初值条件 $y\big|_{x=1}=1$ 的特解.

10. 化方程 $(2x-5y+3)\mathrm{d}x-(2x+4y-6)\mathrm{d}y=0$ 为齐次方程，并求出通解.

11. 化方程 $(3y-7x+7)\mathrm{d}x+(7y-3x+3)\mathrm{d}y=0$ 为齐次方程，并求出通解.

12. 求齐次方程 $xy'-y-\sqrt{y^2-x^2}=0$ 的通解.

§11.4 一阶线性微分方程

1. 设 $y_1(x)$、$y_2(x)$ 是 $\dfrac{\mathrm{d}y}{\mathrm{d}x}+P(x)y=Q(x)$ 的两个解，则下列函数（　　）一定是 $\dfrac{\mathrm{d}y}{\mathrm{d}x}+P(x)y=0$ 的解．

  A. $y_1(x)+y_2(x)$ 　　　　　　　　B. $c_1y_1(x)+c_2y_2(x)$，c_1、c_2 为实数

  C. $y_1(x)-y_2(x)$ 　　　　　　　　D. $y_1(x)+y_2(x)+c$，c 为实数

2. 设 $y_1(x)$、$y_2(x)$ 是 $\dfrac{\mathrm{d}y}{\mathrm{d}x}+P(x)y=Q(x)$ 的两个解，则下列函数（　　）一定是 $\dfrac{\mathrm{d}y}{\mathrm{d}x}+P(x)y=Q(x)$ 的解．

  A. $y_1(x)+y_2(x)$ 　　　　　　　　B. $c_1y_1(x)+c_2y_2(x)$，c_1、c_2 为实数

  C. $y_1(x)-y_2(x)$ 　　　　　　　　D. $\dfrac{y_1(x)+y_2(x)}{2}$

3. 设 $y_1(x)$、$y_2(x)$ 是 $\dfrac{\mathrm{d}y}{\mathrm{d}x}+P(x)y=Q(x)$ 的两个线性无关特解，则 $\dfrac{\mathrm{d}y}{\mathrm{d}x}+P(x)y=0$ 的通解是（　　）．

  A. $y_1(x)+y_2(x)$ 　　　　　　　　B. $c(y_1(x)-y_2(x))$，c 为任意实数

  C. $y_1(x)-y_2(x)$ 　　　　　　　　D. $c_1y_1(x)+c_2y_2(x)$，c_1、c_2 为任意实数

4. 方程 $y''+\sin x=0$ 是 _____ 阶，_____（线性或非线性）方程．

5. 形如 $\dfrac{\mathrm{d}y}{\mathrm{d}x}+P(x)y=Q(x)$ 的微分方程称为 _____．

6. 方程 $\dfrac{\mathrm{d}y}{\mathrm{d}x}=y+\mathrm{e}^x$，$y(0)=0$ 的解是 _____．

7. 解方程

$$\begin{cases} \dfrac{\mathrm{d}y}{\mathrm{d}x}=y+1,\\ y(0)=0 \end{cases}$$

的初值问题．

8. 求方程通解 $\dfrac{dy}{dx} - 3y = e^x$.

9. 求通解 $\dfrac{dy}{dx} = -\dfrac{y}{x+y^3}$.

10. 求通解 $(y')^2 + y^2 - 1 = 0$.

11. 求通解 $y\,dx + 3x\,dy = 0$.

12. 求伯努利方程 $\dfrac{dy}{dx} + y = y^2(\cos x - \sin x)$ 的通解.

§11.5 全微分方程

1. 下列方程不是全微分方程的是(　　).
A. $(x^2+y^2)dx+xydy=0$　　　　B. $2xydx+(x^2-y^2)dy=0$
C. $xdx+ydy=0$　　　　D. $2xydx+x^2dy=0$

2. 设 $P_1(x,y)$、$P_2(x,y)$ 和 $Q_1(x,y)$、$Q_2(x,y)$ 在单连通区域 G 内具有一阶连续偏导数. 有命题：
(1) $P_1(x,y)dx+Q_1(x,y)dy=0$ 与 $P_2(x,y)dx+Q_2(x,y)dy=0$ 是全微分方程，
(2) $(P_1(x,y)+P_2(x,y))dx+(Q_1(x,y)+Q_2(x,y))dy=0$ 是全微分方程，
则下列结论正确的是(　　).
A. 命题(1)与命题(2)等价
B. 命题(1)是命题(2)的充分条件
C. 命题(1)是命题(2)的必要条件
D. 命题(1)既不是命题(2)的充分条件,也不是必要条件

3. 下列表达式(　　)是微分方程 $2ydx+xdy=0$ 的积分因子.
A. y　　　　B. x　　　　C. xy　　　　D. $x+y$

4. 微分方程 $xdx+ydy+(x^2+y^2)\cos xdx=0$ 的积分因子为_____.

5. 微分方程 $\dfrac{ydx-xdy}{y^2}=0$ 的通解为_____.

6. 微分方程 $\dfrac{ydx-xdy}{x^2+y^2}=0$ 的通解为_____.

7. 解方程 $(3x^2+6xy^2)dx+(6x^2y+4y^3)dy=0$.

8. 解方程 $ydx-(x-y)dy=0$.

9. 求微分方程 $(x^3 - 3xy^2)dx + (y^3 - 3x^2y)dy = 0$ 的通解.

10. 求微分方程 $\dfrac{2x}{y^3}dx + \dfrac{y^2 - 3x^2}{y^4}dy = 0$ 的通解.

11. 求方程 $(x+y)(dx-dy) = dx+dy$ 的积分因子,并求其通解.

12. 求方程 $(xdy - ydx)(y+1) + x^2y^2dy = 0$ 的积分因子,并求其通解.

§11.6 可降阶的高阶微分方程

1. 设有微分方程

(1) $\dfrac{d^2y}{dx^2}=\dfrac{dy}{dx}+x$；(2) $\dfrac{d^2x}{dy^2}=2\dfrac{dx}{dy}-y$；(3) $\dfrac{d^2y}{dx^2}=\dfrac{dy}{dx}+y+x$，

则以上微分方程可以降阶的是（ ）.

A.（1）(2)　　　　B.（1）(3)　　　　C.（2）(3)　　　　D.（1）(2)(3)

2. 下列微分方程是可降阶微分方程的是（ ）.

A. $x^2 dy+2xy dx=0$ 　　　　B. $\dfrac{d^2x}{dy^2}=2x\dfrac{dx}{dy}-1$

C. $\dfrac{d^2y}{dx^2}=xy$ 　　　　D. $\dfrac{d^3y}{dx^3}+xy=x^2$

3. 下列微分方程是可降阶微分方程的是（ ）.

A. $dx+dy=0$ 　　　　B. $\dfrac{d^2y}{dx^2}=\dfrac{xy+x^2}{y^2}$

C. $\dfrac{d^2y}{dx^2}=x^2\dfrac{dy}{dx}-x^3$ 　　　　D. $\dfrac{d^2y}{dx^2}+xy=y^2$

4. 设 $\dfrac{dy}{dx}=p$，则微分方程 $\dfrac{d^2y}{dx^2}=f\left(x,\dfrac{dy}{dx}\right)$ 可化为 _____ .

5. 设 $\dfrac{d^{n-2}y}{dx^{n-2}}=z$，则微分方程 $\dfrac{d^ny}{dx^n}=f\left(\dfrac{d^{n-2}y}{dx^{n-2}},\dfrac{d^{n-1}y}{dx^{n-1}}\right)$ 可化为 _____ .

6. 微分方程 $y''=y'+x$ 的通解为 _____ .

7. 解方程 $y''=\dfrac{1}{1+x^2}$.

8. 解方程 $x\dfrac{d^2x}{dt^2}+\left(\dfrac{dx}{dt}\right)^2=0$.

9. 求满足初值条件 $y|_{x=0}=1$、$y'|_{x=0}=0$ 的微分方程 $y^3y''+1=0$ 的特解.

10. 求微分方程 $y''=(y')^3+y'$ 的通解.

11. 求微分方程 $xy''+y'=0$ 的通解.

12. 求微分方程 $y'''=xe^x$ 的通解.

§11.7 高阶线性微分方程解的结构

1. 定义在区间 $(-\infty, +\infty)$ 上函数

(1) e^x、e^{-x}；(2) 1、$\tan^2 x$、$\sec^2 x$；(3) $\ln(x+\sqrt{x^2+1})$、$\ln(\sqrt{x^2+1}-x)$，则以上函数线性相关的是( ).

 A. (1)(2)   B. (1)(3)   C. (2)(3)   D. (1)(2)(3)

2. 设 1、x、x^2 是方程 $\dfrac{d^2 y}{dx^2}+P(x)\dfrac{dy}{dx}+Q(x)y=f(x)$ 的解，则该方程通解是( ).

 A. $y=1+C_1 x+C_2 x^2$，C_1、C_2 为任意实数

 B. $y=1+C_2(x-1)+C_2(x^2-1)$，C_1、C_2 为任意实数

 C. $y=C_1 y_1(x)+C_2 y_2(x)+C_3 y_3(x)$，$C_1$、$C_2$、$C_3$ 为任意实数

 D. $y=C_1 y_1(x)+C_2 y_2(x)+C_3 y_3(x)$，$C_1$、$C_2$、$C_3$ 为满足 $C_1+C_2+C_3=1$ 的任意实数

3. 如果 $\dfrac{d^2 y}{dx^2}+P(x)\dfrac{dy}{dx}+Q(x)y=f_1(x)$ 和 $\dfrac{d^2 y}{dx^2}+P(x)\dfrac{dy}{dx}+Q(x)y=f_2(x)$ 分别有 x、x^2，$\dfrac{d^2 y}{dx^2}+P(x)\dfrac{dy}{dx}+Q(x)y=0$ 有解 e^{-x}、xe^{-x}，则 $\dfrac{d^2 y}{dx^2}+P(x)\dfrac{dy}{dx}+Q(x)y=2f_1(x)+3f_2(x)$ 的通解为( ).

 A. $C_1 e^{-x}+C_2 xe^{-x}+2x+3x^2$ B. $C_1 e^{-x}+C_2 xe^{-x}+x+x^2$

 C. $2e^{-x}+3xe^{-x}+C_1 x+C_2 x^2$ D. $e^{-x}+xe^{-x}+C_1 x+C_2 x^2$

4. 设 $y_1(x)$、$y_2(x)$、$y_3(x)$ 是方程 $\dfrac{d^2 y}{dx^2}+P(x)\dfrac{dy}{dx}+Q(x)y=f(x)$ 的线性无关特解，则该方程通解为_____.

5. 如果 $y_1(x)$、$y_2(x)$、$\cdots$、$y_n(x)$ 是 n 阶齐次线性微分方程

$$\frac{d^n y}{dx^n}+P_1(x)\frac{d^{n-1} y}{dx^{n-1}}+\cdots+P_{n-1}(x)\frac{dy}{dx}+P_n(x)y=0$$

的 n 个线性无关的特解，则该方程的通解为_____.

6. 设 $\omega \neq 0$，$\cos \omega x$ 是微分方程 $\dfrac{d^2 y}{dx^2}+py=0$（p 是常数）的解，则该方程的通解为_____.

7. 验证 $y_1=\cos \omega x$ 及 $y_2=\sin \omega x$ 都是方程 $y''+\omega^2 y=0$ 的解，并写出该方程的通解.

8. 已知 $y_1(x) = e^x$ 是齐次线性方程 $(2x-1)y'' - (2x+1)y' + 2y = 0$ 的一个解，求此方程的通解.

9. 验证：$y = C_1 e^x + C_2 e^{2x} + \dfrac{1}{12} e^{5x}$ 是方程 $y'' - 3y' + 2y = e^{5x}$ 的通解.

10. 验证：$y = C_1 \cos 3x + C_2 \sin 3x + \dfrac{1}{32}(4x \cos x + \sin x)$ 是方程 $y'' + 9y = x \cos x$ 的通解.

11. 验证：$y = C_1 x^5 + \dfrac{C_2}{x} - \dfrac{x^2}{9} \ln x$ 是方程 $x^2 y'' - 3xy' - 5y = x^2 \ln x$ 的通解.

12. 验证：$y = C_1 x^2 + C_2 x^2 \ln x$ 是方程 $x^2 y'' - 3xy' + 4y = 0$ 的通解.

§11.8　常系数齐次线性微分方程

1. 设有命题(1) $y = xe^{ax}$ 是常系数微分方程 $\dfrac{d^2 y}{dx^2} + 2p\dfrac{dy}{dx} + p^2 y = 0$ 的解，(2) $p + a = 0$，则下列结论正确的是(　　).

　　A. 命题(1)与命题(2)等价
　　B. 命题(1)是命题(2)的充分条件
　　C. 命题(1)是命题(2)的必要条件
　　D. 命题(1)既不是命题(2)的充分条件，也不是必要条件

2. 微分方程 $\dfrac{d^3 y}{dx^3} - 4\dfrac{d^2 y}{dx^2} - 11\dfrac{dy}{dx} - 6y = 0$ 的通解是(　　).

　　A. $y = (C_1 + C_2 x)e^{-x} + C_3 e^{6x}$，$C_1$、$C_2$、$C_3$ 为任意实数
　　B. $y = C_1 e^{-x} + C_2 e^x + C_3 e^{6x}$，$C_1$、$C_2$、$C_3$ 为任意实数
　　C. $y = C_1 e^x + C_2 x e^x + C_3 e^{6x}$，$C_1$、$C_2$、$C_3$ 为任意实数
　　D. $y = C_1 e^x + C_2 x e^x + C_3 x^2 e^{6x}$，$C_1$、$C_2$、$C_3$ 为任意实数

3. 四阶常系数齐次线性微分方程有特解 e^x、$4xe^x$、$\cos x$ 和 $6\sin x$，则其特征方程为(　　).

　　A. $(r-1)(r+1)(r^2+1) = 0$　　　　B. $(r+1)^2(r^2+1) = 0$
　　C. $(r-1)^2(r+1)^2 = 0$　　　　　D. $(r-1)^2(r^2+1) = 0$

4. 微分方程 $y'' + y' - 2y = 0$ 的通解为 _____.

5. 微分方程 $y^{(4)} + 5y'' - 36y = 0$ 的通解为 _____.

6. 满足初值条件 $y|_{x=0} = 6$、$y'|_{x=0} = 10$ 的微分方程 $y'' - 4y' + 3y = 0$ 的特解为 _____.

7. 解方程 $\dfrac{d^4 y}{dx^4} + 2\dfrac{d^2 y}{dx^2} + y = 0$.

8. 解方程 $4\dfrac{d^2 x}{dt^2} - 20\dfrac{dx}{dt} + 25x = 0$.

9. 求解初值问题 $\begin{cases} x''' - 3x'' + 3x' - x = 0, \\ x(0) = 0, \ x'(0) = 0, \ x''(0) = 1. \end{cases}$

10. 设 $y = e^x(C_1 \sin x + C_2 \cos x)$ 为某二阶常系数线性齐次微分方程的通解，求该微分方程表达式.

11. 求满足初值条件 $y|_{x=0} = 2$、$y'|_{x=0} = 0$ 的微分方程 $4y'' + 4y' + y = 0$ 的特解.

12. 求满足初值条件 $y|_{x=0} = 2$、$y'|_{x=0} = 5$ 的微分方程 $y'' + 25y = 0$ 的特解.

§11.9 常系数非齐次线性微分方程

1. 特解是 $y_1^*(x)=x\mathrm{e}^x+\mathrm{e}^{2x}$、$y_2^*(x)=x\mathrm{e}^x+\mathrm{e}^{-x}$ 和 $y_3^*(x)=x\mathrm{e}^x+\mathrm{e}^{2x}-\mathrm{e}^{-x}$ 的二阶常系数非齐次微分方程是(   ).

A. $\dfrac{\mathrm{d}^2 y}{\mathrm{d}x^2}-\dfrac{\mathrm{d}y}{\mathrm{d}x}-2y=2x+1$ B. $\dfrac{\mathrm{d}^2 y}{\mathrm{d}x^2}-\dfrac{\mathrm{d}y}{\mathrm{d}x}-2y=(2x+1)\mathrm{e}^x$

C. $\dfrac{\mathrm{d}^2 y}{\mathrm{d}x^2}-\dfrac{\mathrm{d}y}{\mathrm{d}x}-2y=-(2x+1)\mathrm{e}^x$ D. $\dfrac{\mathrm{d}^2 y}{\mathrm{d}x^2}-\dfrac{\mathrm{d}y}{\mathrm{d}x}-2y=-(2x+1)$

2. 设 p、q、a 为常数,有命题(1) $y_1^*=\mathrm{e}^{ax}+\sin x$、$y_2^*=\mathrm{e}^{ax}$ 是常系数微分方程 $\dfrac{\mathrm{d}^2 y}{\mathrm{d}x^2}+p\dfrac{\mathrm{d}y}{\mathrm{d}x}+qy=f(x)$ 的特解;(2) $p=0$、$q=1$,则下列结论正确的是(   ).

A. 命题(1)与命题(2)等价
B. 命题(1)是命题(2)的充分条件
C. 命题(1)是命题(2)的必要条件
D. 命题(1)既不是命题(2)的充分条件,也不是必要条件

3. 设 a 为小于 0 的常数,微分方程 $\dfrac{\mathrm{d}^2 y}{\mathrm{d}x^2}+(a+1)\dfrac{\mathrm{d}y}{\mathrm{d}x}+ay=(2-a)\mathrm{e}^{-2x}$ 的通解是(   ).

A. $y=C_1\mathrm{e}^{-x}+C_2\mathrm{e}^{-ax}+\mathrm{e}^{-2x}$,$C_1$、$C_2$ 为任意实数
B. $y=C_1\mathrm{e}^{-x}+C_2\mathrm{e}^{-ax}+x\mathrm{e}^{-2x}$,$C_1$、$C_2$ 为任意实数
C. $y=C_1\mathrm{e}^{-x}+C_2x\mathrm{e}^{-ax}+C_3\mathrm{e}^{-2x}$,$C_1$、$C_2$、$C_3$ 为任意实数
D. $y=C_1x\mathrm{e}^{-x}+C_2\mathrm{e}^{-ax}+C_3\mathrm{e}^{-2x}$,$C_1$、$C_2$、$C_3$ 为任意实数

4. 微分方程 $2y''+y'-y=2\mathrm{e}^x$ 的通解为_____.

5. 微分方程 $2y''+y+\sin 2x=0$ 在初值条件 $y|_{x=\pi}=1$、$y'|_{x=\pi}=1$ 下的特解为_____.

6. 微分方程 $y''-3y'+2y=5$ 在初值条件 $y|_{x=0}=1$、$y'|_{x=0}=2$ 下的特解为_____.

7. 求微分方程 $y''+y=\mathrm{e}^x+\cos x$ 的通解.

8. 求微分方程 $y'' - 2y' + 5y = e^x \sin 2x$ 的通解.

9. 求微分方程 $y'' - y = 4xe^x$ 在初值条件 $y|_{x=0} = 0$、$y'|_{x=0} = 1$ 下的特解.

10. 求微分方程 $y'' - 4y' = 5$ 在初值条件 $y|_{x=0} = 1$、$y'|_{x=0} = 0$ 下的特解.

11. 大炮以仰角 α、初速度 v_0 发射炮弹,若不计空气阻力,求弹道曲线.

12. 在 R、L、C 含源串联电路中,电动势为 E 的电源对电容器 C 充电. 已知 $E = 20$ V、$C = 0.2\ \mu\text{F}$(微法)、$L = 0.1$ H(亨)、$R = 1\,000\ \Omega$,试求合上开关 S 后的电流 $i(t)$ 及电压 $u_c(t)$.

§11.10 欧拉方程

1. 欧拉方程 $x^2 \dfrac{d^2 y}{dx^2} - 2x \dfrac{dy}{dx} + 2y = \ln^2 x - \dfrac{7}{2}$ 的通解是( ).

A. $y = C_1 x + C_2 x^2 + \dfrac{1}{2}\ln^2 x + \dfrac{3}{2}\ln x$，$C_1$、$C_2$ 为任意实数

B. $y = C_1 x + C_2 x^2 + \ln^2 x + \ln x$，$C_1$、$C_2$ 为任意实数

C. $y = C_1 e^x + C_2 e^{2x} + \dfrac{1}{2} x^2 + \dfrac{3}{2} x$，$C_1$、$C_2$ 为任意实数

D. $y = C_1 e^x + C_2 e^{2x}$，C_1、C_2 为任意实数

2. 欧拉方程 $x^2 \dfrac{d^2 y}{dx^2} - 2x \dfrac{dy}{dx} + 2y = x^2 + 2$ 的通解是( ).

A. $y = C_1 x + C_2 x^2 + \ln x$，$C_1$、$C_2$ 为任意实数

B. $y = C_1 x + C_2 x^2 + x^2 \ln x + 1$，$C_1$、$C_2$ 为任意实数

C. $y = C_1 e^x + C_2 e^{2x} + x e^{2x} + 1$，$C_1$、$C_2$ 为任意实数

D. $y = C_1 e^x + C_2 e^{2x}$，C_1、C_2 为任意实数

3. 欧拉方程 $x^2 \dfrac{d^2 y}{dx^2} - x \dfrac{dy}{dx} + 2y = x \ln x$ 的通解是( ).

A. $y = e^x (C_1 \cos x + C_2 \sin x) + x e^x$，$C_1$、$C_2$ 为任意实数

B. $y = x(C_1 \cos \ln x + C_2 \sin \ln x) + x^2 \ln x$，$C_1$、$C_2$ 为任意实数

C. $y = e^x (C_1 \cos x + C_2 \sin x)$，$C_1$、$C_2$ 为任意实数

D. $y = x(C_1 \cos \ln x + C_2 \sin \ln x) + x \ln x$，$C_1$、$C_2$ 为任意实数

4. 欧拉方程 $x^2 y'' + xy' - y = 0$ 的通解为_____.

5. 欧拉方程 $y'' - \dfrac{y'}{x} + \dfrac{y}{x^2} = \dfrac{2}{x}$ 的通解为_____.

6. 欧拉方程 $x^3 y''' + 3x^2 y'' - 2xy' + 2y = 0$ 的通解为_____.

7. 解方程 $x^2 \dfrac{d^2 y}{dx^2} + 3x \dfrac{dy}{dx} + 5y = 0$.

8. 求欧拉方程 $x^2 y'' - 2xy' + 2y = \ln^2 x - 2\ln x$ 的通解.

9. 求欧拉方程 $x^2y'' + xy' - 4y = x^3$ 的通解.

10. 求欧拉方程 $x^2y'' - xy' + 4y = x\sin(\ln x)$ 的通解.

11. 求欧拉方程 $x^2y'' - 3xy' + 4y = x + x^2\ln x$ 的通解.

12. 求欧拉方程 $x^3y''' + 2xy' - 2y = x^2\ln x + 3x$ 的通解.

§11.11 差分方程

1. 下列等式中是差分方程的是（　　）．

A. $3\Delta y_n + 3y_n = n^2$　　　　B. $\Delta^3 y_n = 0$

C. $y_{n+a} - y_{n-a} = y_n$　　　　D. $\Delta y_{n+1} = y_{n+2} - y_{n+1}$

2. 函数 $y_n = A2^n + 8$ 是差分方程（　　）的通解．

A. $y_{n+2} - 3y_{n+1} + 2y_n = 0$　　　　B. $y_{n+1} - 2y_n = 8$

C. $\Delta^2 y_n - y_n = -8$　　　　D. $y_{n+1} - 3y_n + 2y_{n-1} = 0$

3. 若二阶常系数齐次差分方程对应特征方程的特征根为 $\alpha \pm i\beta$，则该方程的通解为（　　）．

A. $A\cos\beta n + B\sin\beta n$

B. $e^{\alpha n}(A\cos\beta n + B\sin\beta n)$

C. $(\sqrt{\alpha^2 + \beta^2})^n [C_1 \cos\beta n + C_2 \sin\beta n]$

D. $(\sqrt{\alpha^2 + \beta^2})^n [C_1 \cos\theta n + C_2 \sin\theta n]$，其中 $\theta = \arctan\dfrac{\beta}{\alpha}$

4. 二阶线性常系数齐次差分方程的一般形式为 _____．

5. 设 λ 是差分方程 $y_{n+2} + a_1 y_{n+1} + a_2 y_n = 0$，$a_2 \neq 0$ 的重根，则其通解可表示为 _____．

6. 设 $\lambda = re^{\pm i\beta}$ 是差分方程 $y_{n+2} + a_1 y_{n+1} + a_2 y_n = 0$，$a_2 \neq 0$ 的一对共轭复根，则其通解可表示为 _____．

7. 已知 $y_n = n^2 + 2n - \sin\dfrac{\pi}{2}n$，计算 $\Delta^2 y_n$．

8. 按定义计算乘积函数的差分公式 $\Delta(u_n v_n)$．

9. 设 $y_1(n) = 2^n$、$y_2(n) = 2^n - 3n$ 是差分方程 $y_{n+1} + a(n)y_n = f(n)$ 的两个解,求 $a(n)$、$f(n)$ 和方程的通解.

10. 求差分方程的通解 $y_{n+1} + y_n = 40 + 6n^2$.

11. 求通解 $y_{n+1} - y_n = e^n$.

12. 用迭代法求方程 $y_{n+1} - ay_n = b^n$ 的通解.